普通高等教育"十三五"规划教材

机械制造工艺学

王庆明　编著

华东理工大学出版社
EAST CHINA UNIVERSITY OF SCIENCE AND TECHNOLOGY PRESS
·上海·

图书在版编目(CIP)数据

机械制造工艺学/王庆明编著. —上海:华东理工大学出版社,2017.2
ISBN 978-7-5628-4896-7

普通高等教育"十三五"规划教材

Ⅰ.①机… Ⅱ.①王… Ⅲ.①机械制造工艺 Ⅳ.①TH16

中国版本图书馆 CIP 数据核字(2017)第 002154 号

策划编辑/徐知今

责任编辑/徐知今

装帧设计/裘幼华

出版发行/华东理工大学出版社有限公司

地址:上海市梅陇路 130 号,200237

电话:021-64250306

网址:www.ecustpress.cn

邮箱:zongbianban@ecustpress.cn

印　刷/江苏凤凰数码印务有限公司

开　本/787mm×1092mm　1/16

印　张/13

字　数/309 千字

版　次/2017 年 2 月第 1 版

印　次/2017 年 2 月第 1 次

定　价/38.00 元

前　　言

　　机械制造工艺学是机械设计、制造及其自动化专业的主干课程,所涉及的基本理论与基本技能是该专业学生知识体系中的重要组成部分。本书是在使用了多年的讲义的基础上编著的,编写过程中广泛听取了有关教师和多届学生的意见和建议。

　　本书以机械制造工艺为主线,既系统讲述机械加工工艺基础理论及关键技术,又结合现代制造技术的发展,充实了数控加工工艺、成组加工工艺和计算机辅助工艺规程(CAPP)等方面的内容,注重了基本理论在生产实际中的应用。本书各章均附有相应的习题和思考题以便于自学和培养独立分析问题的能力。

　　本书的编写参考了有关院校出版的相关教材,在此一并致谢。

　　本书可作为高等学校机械类专业的教材,也可供有关工程技术人员学习参考。

作者
2016 年 8 月

目　　录

1

夹具和工件的
定位与夹紧

1.1 概述

1.1.1 工件的安装

为了在工件的某一部位上加工出符合规定技术要求的表面,在机械加工前,必须使工件在机床的夹具中,占据某一正确的位置,通常我们把这个过程称为工件的"定位"。

对于切削加工机床来说,刀具或工作台的运动轨迹是由机床导轨的走向来决定的,工件在机床上处于正确的位置就是指工件上需要切除的部分和需要保留的部分之间的边界平行于刀具或工作台的运动轨迹。

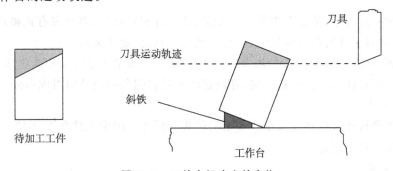

图 1-1 工件在机床上的定位

图 1-1 是工件在刨床上定位的示意图,待加工工件上需要切除的部分用阴影的区域表示,在工作台上设置一块根据工件形状要求而特制的斜铁,工件放上去自然就倾斜一个所需的角度,从而获得一个"正确"的位置。

当工件定位后,由于在加工中受到切削力、重力等的作用,还应采用一定的机构,将工件"夹紧",使得先前确定的位置保持不变。我们把工件从"定位"到"夹紧"的整个过程,统称为"安装"。

工件安装情况的好坏,是机械加工中的一个重要问题,不仅直接影响加工精度,工件安装的快慢,还影响生产率的高低。显然,这也与工件的加工成本有关,因此必须对"安装"有关的问题,进行深入研究。

在各种不同的机床上加工零件时,可能有各种不同的安装方式,可以归纳为三种:

1. 直接找正安装

用这种方法时,工件在机床上应有的位置,是通过一系列的尝试而获得的。具体的方式是在工件直接装上机床后,用千分表或划针盘上的划针,以目测法校正工件位置,一边校验,一边找正。

直接找正安装法的缺点是费时太多,生产率低;且要凭经验操作,对操作者技术要求高,故仅用于单件、小批量生产中(如工具车间、修理车间等)。此外,对工件的定位精度要求较高时,例如当误差范围 0.005~0.01mm 时,若采用夹具,会引起本身的制造误差,而难以达到要求,就不得不使用精密量具,由较高水平的操作者来直接找正定位。

2. 画线找正安装

有些重、大、复杂的工件,往往先在待加工处画线,然后装上机床,按所画的线进行找正定位。显然,此法要多一道画线工序,定位精度也不高,一般仅 0.2~0.3mm。因为画的线本身有一定宽度,在画线时尚有画线误差,校正工件位置时还有观察误差。因此,该法多用于生产批量较小,毛坯精度较低,以及大型工件等不宜使用夹具的粗加工中。

3. 采用夹具安装

夹具是机床的一种附加装置,它在机床上与刀具间正确的相对位置,在工件未安装前已预先调整好,所以在加工一批工件时,不必再逐个找正定位,就能保证加工的技术要求,既省事又省工,是先进的定位方法,在成批和大量生产中广泛使用。

1.1.2　夹具的定义及组成

在机械加工过程中,依据工件的加工要求,使工件相对机床、刀具占有正确的位置,并能迅速、可靠地夹紧工件的机床附加装置,称为机床夹具,简称为夹具。

在具体研究夹具设计问题时,需要将夹具分成几个既相互独立,又彼此联系的组成部分,以图 1-2 所示铣轴端槽夹具为例,可概括出夹具普遍共有的结构组成部分。

1. 定位元件

定位元件是保证工件在夹具中处于正确位置的元件。图中工件在 V 形块 5 和定位支承板 3 两个定位元件上定位。

2. 夹紧装置

夹紧装置应保持工件在加工过程中不因外力而改变其正确位置。它包括夹紧机构和动力源。图中工件定位后,操纵手柄使得偏心轮 4 转动,便可将工件夹紧。

3. 对刀—导引元件

对刀—导引元件是保证刀具与工件夹工表面有准确的相对位置的元件。对于铣削、刨削用对刀元件,如图中的对刀块 6。加工前,以对刀块 6 为基准调整铣刀位置。在钻床夹具中,常以钻套引导钻头,故称钻套为导引元件。

4. 连接元件

连接元件是保证夹具相对于机床有正确位置的元件。如图中定向键 2 及夹具底面 A 确定夹具对工作台面及工作台运动方向的相互位置。

5．夹具体

夹具体是连接夹具各个组成部分为一整体,并使各元件间具有正确相互位置的基础件。

6．其他装置

其他装置包括按照加工要求所设置的一件或多件装置,如分度装置、上下料装置等。

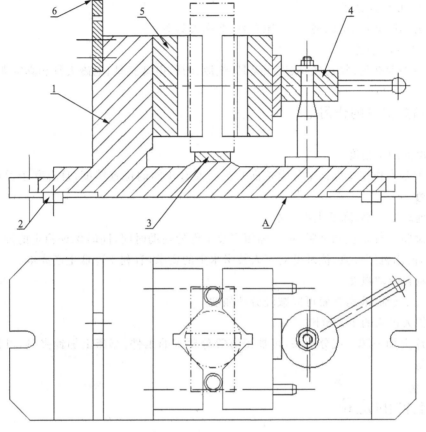

图 1-2 铣轴端槽的夹具

1-夹具体;2-定向键;3-定位支承板;4-偏心轮;5-V形块;6-对刀块

1.1.3 夹具的分类

可以从不同角度对机床夹具进行分类:

1．按使用特点分类

(1) 通用夹具 与通用机床配套,并作为其附件的夹具,如车床的三爪自定心卡盘、铣床的机床用平口虎钳、分度头等。

(2) 专用夹具 为某一工件的某道工序专门设计制造的夹具,专用夹具适用于产品固定、工艺相对稳定、批量大的加工过程。

(3) 组合夹具 在夹具零部件标准化的基础上,针对不同的加工对象和加工要求,拼装而成的夹具。组合夹具组装迅速,周期短,能重复使用,适用于多品种、小批量生产或新产品试制。

　　（4）成组夹具　在成组加工中适用于一组同类零件的夹具,经过调整或更换、增加一些元件,可用来定位、夹紧一组零件。

　　（5）随行夹具　用于自动线上的夹具。工件安装在随行夹具上,由运输装置送往各机床,并在机床工作台或机床夹具上定位、夹紧。

　　2. 按使用机床分类

　　可分为车床夹具、铣床夹具、钻床夹具、磨床夹具等。

　　3. 按动力源分类

　　可分为手动夹具、气动夹具、液压夹具、气液夹具、电动夹具、电磁夹具和真空夹具等。

1.1.4　机床夹具的作用

　　（1）保证加工精度

　　夹具的基本作用是保证工件定位面与加工面有相同的位置精度,且有利于保证加工精度的一致性。

　　（2）提高生产率,降低生产成本

　　迅速地将工件定位和夹紧,可以缩短安装工件的辅助时间,同时保证稳定的加工质量和高成品率,使用机床夹具,能降低对工人技术水平的要求,有利于降低生产成本。

　　（3）减轻劳动强度

　　如电动、气动、液压夹紧可以减轻劳动强度。

　　（4）扩大机床的工艺范围

　　如铣床上加一转台或分度头,可加工有等分要求的工件,车床上加镗夹具,可代替镗床完成镗孔等。

1.2　工件的定位

　　工件在夹具中定位,就是要使同一批工件在夹具中占有相同的正确加工位置。

　　在夹具设计中,定位方案不合理,工件的加工精度就无法保证,因此,工件在夹具中的定位,是夹具设计中首先要解决的问题。

1.2.1　工件定位的基本原理

　　工件定位的目的是使工件在机床上(或夹具中)占有加工所要求的正确的位置,也就是使它相对于刀具有正确的相对位置。

　　如图 1-3 所示,任何一个刚体在空间都有六个自由度,即沿 X、Y、Z 三个坐标轴的移动自由度 $\vec{x}$、$\vec{y}$、$\vec{z}$ 以及绕此三个坐标轴的转动自由度 $\hat{x}$、$\hat{y}$、$\hat{z}$。假设工件也是一个刚体,要使它在机床上(或夹具中)完全定位,就必须限制它在空间的六个自由度。

　　如图 1-4 所示,用六个定位支承点合理分布,使其与工件接触,每个定位支承点限制工件的一个自由度,便可将工件六个自由度完全限制,于是,工件在空间的位置便被唯一地确定。

由此可见,要使工件完全定位,就必须限制工件在空间的六个自由度,即工件的"六点定位原则"。

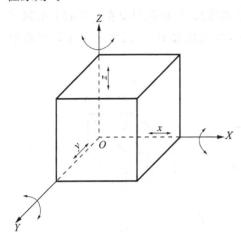

图1-3 工件在空间的自由度

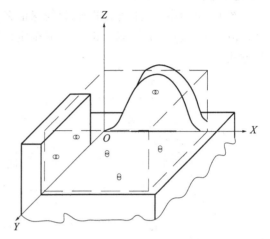

图1-4 工件的六点定位

在应用"六点定位原则"进行定位问题分析时,应注意如下几点:

(1) 定位就是限制自由度,通常用合理设置定位支承点的方法,来限制工件的自由度。

(2) 定位支承点限制工件自由度的作用,应理解为定位支承点与工件定位基准始终保持接触,若两者脱离,则意味着失去定位作用。

(3) 分析定位支承点的定位作用时,不考虑力的影响。欲使工件在外力作用下不能运动,是夹紧的任务,也就是说工件在外力作用下不能运动,即被夹紧,这时并不意味着工件的所有自由度都被限制。

以车床上三爪卡盘夹紧一根轴的外圆为例,这时,轴绕着轴心线旋转的方向并没有定位,事实上,松开卡盘,把轴卸下再装上并夹紧,轴外圆面上前后两次被夹紧的部位一般是不会相同的。所以,定位和夹紧是两个概念,绝不能混淆。

(4) 定位支承点是由定位元件抽象而来。在夹具中,定位支承点总是通过具体的定位元件来体现。至于具体的定位元件是转化为几个定位支承点,需结合其结构进行分析。

在定位分析中,会遇到以下几类情况:

(1) 完全定位

对于图1-4中以双点画线表示的长方体工件,XOY 平面上的三个定位支承点限制了工件的三个自由度 $\hat{z}$、$\hat{x}$、$\hat{y}$,YOZ 平面上的两个定位支承点限制了工件的两个自由度 $\hat{x}$、$\hat{z}$,XOZ 平面上的一个定位支承点限制工件沿 Y 轴移动的自由度 $\vec{y}$。因而,这样分布的六个定位支承点,限制了工件全部六个自由度,称为工件的"完全定位"。

(2) 不完全定位

工件在加工中并非都需要完全定位,究竟应限制哪几个自由度,需由具体加工要求确定。

图1-5(a)所示,在工件上铣键槽,在沿三个轴的移动和转动方向上都有尺寸要求,加工时必需限制所有六个自由度,即要"完全定位"。

图1-5(b)中,在工件上铣台阶面,在 Y 方向上无尺寸要求,故只需限制五个自由度,而

不限制工件沿 Y 轴的移动自由度 $\vec{y}$,对工件的精度无影响。这种允许少于六点的定位称为"不完全定位"或"部分定位"。

图 1-5(c)中,工件铣上平面,只需保证 Z 方向的高度尺寸,因此只要在底平面上限制三个自由度 $\vec{z}$、$\hat{x}$、$\hat{y}$ 就已足够,亦为"不完全定位",显然,在此情况下,不完全定位是合理的定位方式。

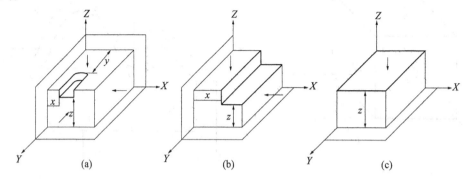

图 1-5　工件应限制自由度的确定

（3）欠定位　如果工件的定位支承点数少于应限制的自由度数,必然导致达不到所要求的加工精度,这种工件定位点不足的情况,称为"欠定位",欠定位在实际生产中是不允许的。

（4）过定位　若工件的某一个自由度同时被两个或更多的定位支承点重复限制,则对这个自由度的限制会产生矛盾,这种情况被称为"过定位",也叫"重复定位"。

过定位的结果是使工件定位不确定,从而在夹紧后使工件或定位元件产生变形。

如图 1-6 所示的加工连杆大孔的定位方案中,长圆柱销 1 限制 $\vec{z}$、$\vec{y}$、$\hat{x}$、$\hat{y}$ 四个自由度,支承板 2 限制 $\vec{z}$、$\hat{x}$、$\hat{y}$ 三个自由度,其中 $\hat{x}$、$\hat{y}$ 被两个定位元件重复限制,产生过定位。

如果工件定位孔与端面垂直度误差较大,且孔与销之间的间隙又很小,则过定位可能导致两种定位情况:

第一种情况,若长圆柱销刚度好,定位后工件歪斜,端面只有一点接触,如图 1-6(b)所示,夹紧过程必然造成工件变形。

第二种情况,若长圆柱销刚度不好,工件压紧后长圆柱销将歪斜,不但损坏定位件,工件也可能变形,如图 1-6(c)所示。

以上两种情况都会引起加工孔的位置误差,使连杆两孔的轴线不平行。

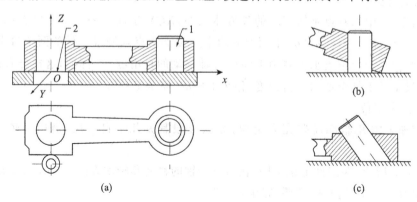

图 1-6　连杆的过定位

1-圆柱销;2-支承板

在一般情况下,过定位是不能允许的。但在生产实践中,也还可以看到过定位的应用,例如在精加工工序中常以一个精确平面代替三个支承点来支承已加工过的平面,从理论上讲,一个平面相当于无数个点的总和,但是当此平面制造得很平时,工件放上去也只能有一个位置,就相当于三个支承点的作用了。这样做的好处是定位后系统刚度好,可以减少切削时的振动,对精加工是有利的。

如遇特殊情况有必要采用过定位方案时,必须提高工件的定位表面以及夹具的定位元件表面的形状精度和相互位置精度,使重复限制自由度的支承点对工件安装后不发生干涉,或者采取相应措施,消除因过定位而引起的不良后果,以保证加工要求。

生产实际中,机床上对工件的几种常用装夹方式所限制的自由度参见图 1 - 7 至图 1 - 10。

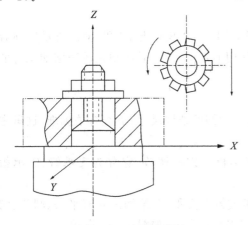

图 1 - 7 滚铣齿轮

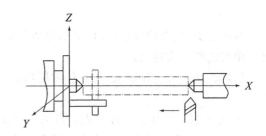

图 1 - 8 双顶尖夹持车削轴外圆

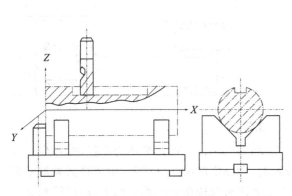

图 1 - 9 V 型块定位铣键槽

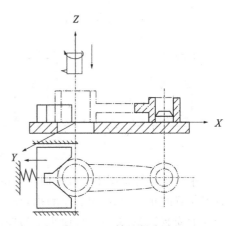

图 1 - 10 镗连杆大孔

图 1 - 7 中工件摆放在支承盘上,工件内孔套在短圆柱销上,支承盘作为平面限制工件的三个自由度 $\vec{z}$、$\hat{x}$、$\hat{y}$,短圆柱销限制两个自由度 $\vec{x}$、$\vec{y}$,被限制的自由度为 5 个,是不完全定位。图 1 - 8 中轴的两端分别被车头顶尖和尾架顶尖顶住,双顶尖共同限制 5 个自由度 $\vec{x}$、$\vec{y}$、$\hat{y}$、$\vec{z}$、$\hat{z}$,是不完全定位。图 1 - 9 中轴摆放在两块短 V 形块上,轴的左端面靠着止销,两块短 V 形块的定位作用相当于一块长 V 形块,限制 4 个自由度 $\vec{y}$、$\hat{y}$、$\vec{z}$、$\hat{z}$,止销限制一个自由度 $\vec{x}$,是不完全定位。图 1 - 10 中的连杆摆放在支承板上,连杆小孔套在短圆柱销上,连杆

大端靠着一个可沿着连杆对称中心线伸缩的活动 V 形块,以便适应连杆长度尺寸的波动,支承板限制 3 个自由度 $\vec{z}$、$\hat{x}$、$\hat{y}$,短圆柱销限制两个自由度 $\vec{x}$、$\vec{y}$,活动 V 形块限制 1 个自由度 $\hat{z}$,被限制的自由度为 6 个,是完全定位。

1.2.2　定位方式

工件的定位表面有各种形式,如平面、外圆、内孔、成型面等。对于这些表面可以采用不同的方法来实现定位。即根据被加工零件的工序要求,除了合理分布定位支承点外,还需正确考虑定位方法和选用恰当的定位元件。

下面分析各种典型表面的定位方法和定位元件。

1. 工件以平面定位

当以平面定位时,所用的定位元件(即支承件),可分为"基本支承"和"辅助支承",前者用来限制工件的自由度,即是真正具有独立定位作用的定位元件;后者则是用来增加工件的支承刚性,它不起限制工件自由度的作用。

1)基本支承

有固定支承、可调支承、自位支承等各种形式。它们的结构尺寸,可查有关标准,这里主要介绍它们的结构特点。

(1)固定支承　这种支承装上夹具后,一般不再拆卸或调节,它分为支承钉、支承板两种。

① 支承钉　多用作工件平面定位的三点支承或侧面支承,其结构形式有平头、圆头、网纹顶面三种,支承钉可直接安装或通过套筒安装在夹具的孔内,如图 1-11 所示。

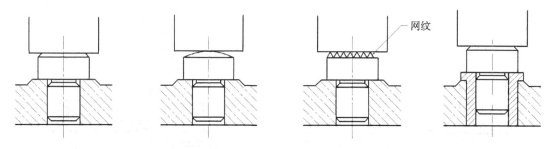

图 1-11　支承钉

平头支承钉常用于定位平面较光滑的工件,圆头支承钉与定位平面为点接触,可保证接触点位置的相对稳定,但它易磨损,在工件较重时,会使定位面产生压陷,给工件夹紧后带来较大的安装误差,夹具装配时也不易保证几个支承圆头保持在一个水平面上,所以圆头支承钉主要用于未经过机械加工的平面定位。网纹顶面支承钉的突出优点是与定位面之间的摩擦力较大,可阻碍工件移动,但槽中易积屑,常用于粗糙表面的侧面定位。

② 支承板　支承板多用于工件上已加工平面的定位,一般说来,支承钉用于较小平面,支承板用于较大平面。有时虽然支承面不大,但是很难用支承钉布置成合适的支撑三角形,从而难以保证工件稳定时,往往也要用支承板。如图 1-12(a)中,当工件刚度不足,夹紧力和切削力又不能恰好作用在支承点上时,也适宜用支承板定位。再如图 1-12(b)所示的薄板上钻孔也是一例,此时若用支承钉定位会使工件变形。

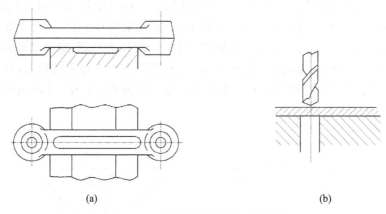

(a)　　　　　(b)

图 1-12　不宜用支承钉定位的情况

支承板的结构如图 1-13 所示，A 型结构简单，制造方便，但埋头螺钉处清理切屑较困难，B 形可克服这一缺点。为使支承板装配牢固，可加定位销。为保持几块支承板的支承位置在同一平面上，在装配后应将几块板的顶部统磨一下。

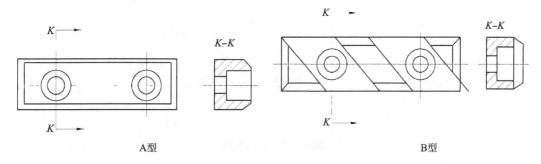

A型　　　　　　　　　　　B型

图 1-13　支承板

（2）可调支承　主要用于工件上未经机械加工的定位面，当工件毛坯尺寸有较大变化时，每更换一批毛坯，就要调节一次。图 1-14 为可调支承的基本形式。支承高度调节以后，要注意锁紧。在其他需要将支承钉的位置作一定调整的场合，也能用可调支承。

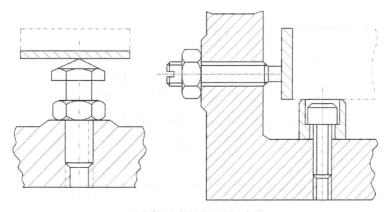

图 1-14　可调支承

（3）自位支承　"自位支承"又称"浮动支承"。实质上是它与工件接触的几个工作点能随工件定位面形状自行浮动的支承,常见的有如图 1-15(a)(b)所示的双接触点及如图 1-15(c)所示三接触点两种。当压下其中一个接触点,则其余的点上升,直至全部点与工件定位表面接触为止,故每一个自位支承一般只相当于一个定位点,即限制一个自由度。但由于增加了与工件接触点数目,能减少工件的变形,其缺点是支承的稳定性较差,必要时应予锁紧。通常自位支承用在刚度不足的毛坯平面或不连续表面的定位中,此时虽然增加了接触点,却可避免发生过定位。

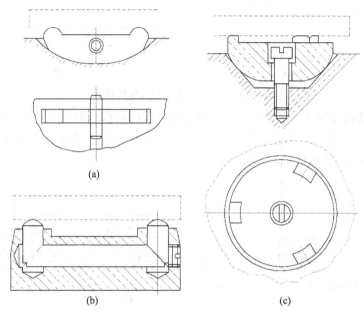

图 1-15 自位支承

2)辅助支承

若工件刚度较差,在按照六点定位原则进行定位并夹紧后,仍可能在切削力的作用下发生变形或振动。这就需要在基本支承外另加辅助支承。如图 1-16 所示为阶梯形零件加工,当以平面 1 定位,加工平面 2 时,必须在工件右部底面增加辅助支承 3,以提高安装刚度和稳定性。

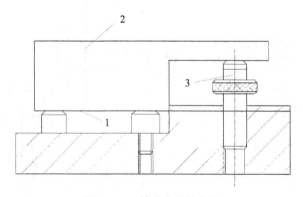

图 1-16 辅助支承的作用

　　辅助支承不应限制工件的自由度,或破坏工件原来已经限制的自由度,因此辅助支承的高度必须按定位件所决定的工件定位表面位置来调节,一般每个工件加工前均要调节一次。为此,当每一个工件加工完毕后,一定要将所有辅助支承退回到和新装上去的工件不相接触的位置。

　　辅助支承的结构形式很多,如图 1-17 所示。在单件小批生产时,常用螺旋式,生产批量较大时,可用自位式或推引式。使用螺旋式辅助支承,要注意调节时不能将工件顶起,否则就破坏了工件的正确定位。

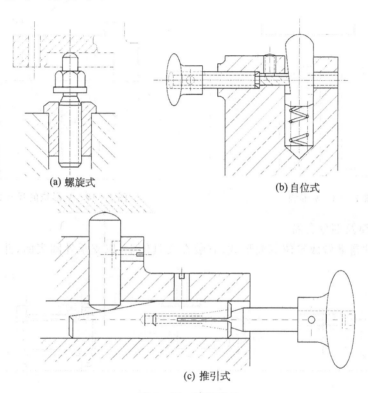

(a) 螺旋式　　　　　　　　　　　(b) 自位式

(c) 推引式

图 1-17　辅助支承

　　2. 工件以外圆定位

　　工件以外圆定位时,一般有三种方法:V 形块、圆孔或半圆孔、自动定心机构(如三爪卡盘、弹簧夹头等)。

　　1) V 形块

　　V 形块如图 1-18 所示。两支承面的夹角通常做成 $90°$,个别也做成 $60°$ 或 $120°$,在 V 形块上定位时,工件的垂直轴心线对称于 V 形块的两支承面,而水平轴心线位置,随 V 形块夹角及工件直径的误差而发生变化。它不仅用于完整的外圆面定位,也常应用在要求对中性好的不完整外圆面的定位。

　　V 形块结构已标准化。其制造工作图上(图 1-19),应注明尺寸 C、H、h、$α$ 用于画线及粗加工,H 用于检验时放入标准心轴,以测定 V 形块的精度。H 由工件直径 D 及 C、h、$α$ 决定:

　　当 $α=60°$,$H=h+D-0.866C$

当 $\alpha=90°$，$H=h+0.707D-0.5C$

当 $\alpha=120°$，$H=h+0.578D-0.298C$

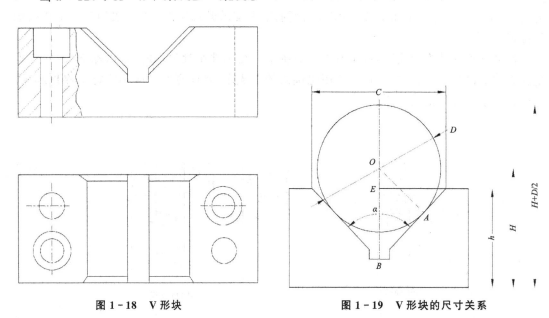

图 1-18　V 形块　　　　　　　　　　图 1-19　V 形块的尺寸关系

2）定位套筒及剖分套筒

圆孔定位件通常做成定位套筒形式，它装在夹具体上，以支承外圆表面，并起定位作用。

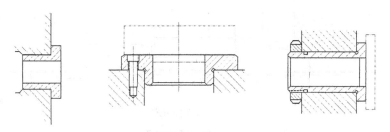

图 1-20　定位套筒

这种定位方法，元件结构简单，但定心精度不高，当工件外圆与定位圆孔配合较松时，还易产生工件倾斜。通常可利用套筒内孔及端面一起定位，可减少工件倾斜，但若工件端面较大时，定位孔应短些，否则会产生过定位，因为此时的端面已成为限制三个自由度的主要定位基准了。

剖分套筒为半圆孔定位，主要适用于大型轴类零件的精密轴颈定位，以便于工件安装，如图 1-21 所示，将同一圆周表面的定位件分成两半，下半孔放在夹具体上，上半孔装在可卸式或铰链式的盖上。下半孔起到定位作用，上半孔仅起夹紧作用。为便于磨损后更换，两半孔常都做成衬瓦型式，而不直接做在夹具体上。

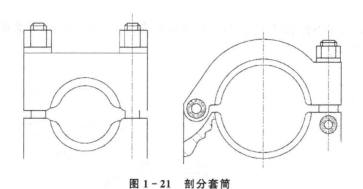

图 1-21　剖分套筒

3）外圆定心夹紧机构

如三爪卡盘,弹簧夹头等。三爪卡盘的结构在先修课程里已介绍过,图 1-22 是几种弹簧夹头的结构示意图。

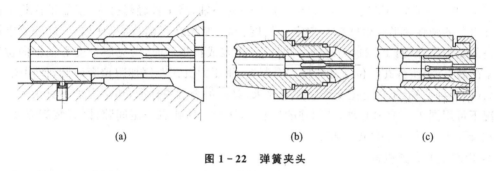

(a)　　　　　　　　　　(b)　　　　　　　　　　(c)

图 1-22　弹簧夹头

3. 工件以内孔定位

工件以内孔定位时,常用的有定位销、定位心轴、自动定心机钩(如三爪卡盘、弹簧心轴等)。

1）定位销

图 1-23 为常用的定位销结构。图 1-23(a)(b)(c)均为固定式,可直接以静配合压入夹具体,图 1-23(d)为可换式,以便大量生产中因定位销磨损而及时更换,故在夹具体中压有衬套,定位销装在衬套内,并用螺母拉紧,其配合精度略差些。图 1-23(b)定位销带有台肩,可使工件端面定位而避免夹具体磨损。定位销大部分做成大倒角,便于工件套上。

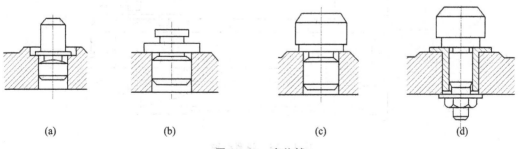

(a)　　　　　　　(b)　　　　　　　(c)　　　　　　　(d)

图 1-23　定位销

2) 刚性心轴

根据工件形状和用途不同,定位心轴的结构形式很多。图 1-24 为常见的三种普通刚性心轴。

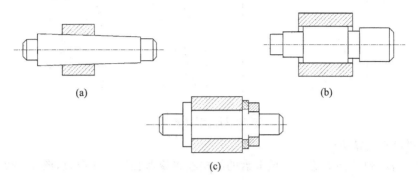

(a)　　　　　　　　　(b)

(c)

图 1-24　刚性心轴

图 1-24(a)是带小锥度(1/5 000～1/1 000)的心轴,将工件轻轻打入,依靠锥面将工件对中并由孔的弹性变形产生摩擦。它定心精度较高,常用在车削或磨削中加工外圆要求同轴度高的盘类零件,图 1-24(b)心轴呈圆柱形,用在成批生产时,可克服锥度心轴轴向位置不固定的缺点,与工件孔定位部分需按配合制造,用压力机在左侧加限位套装卸,使用图 1-24(a)、(b)两种心轴,工件定位孔精度都有要求,具体可查有关标准,切削力也不宜太大。一般情况下可用图 1-24(c)心轴,其圆柱的定位部分和工件孔有一定间隙,因而装卸方便,用螺母在端面压紧,但定心精度不高。

3) 内圆定心夹紧机构

用于内孔的自动定心机构,如三爪卡盘、弹簧心轴等,作用原理与外圆定位一样。图 1-25 所示为一弹簧心轴。

不论弹簧心轴,还是弹簧夹头,都能自动定心夹紧,定心精度通常为 0.01～0.02mm,所占位置小,操纵方便,可以缩短夹紧时间,且不易损坏工件的被夹紧表面,但对被夹工件的定位面,要有一定的尺寸、形状精度及粗糙度要求。

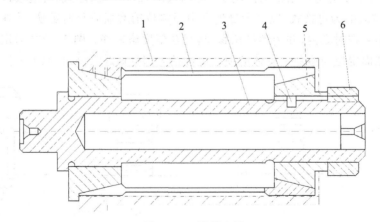

图 1-25　弹簧心轴

1-工件;2-夹头;3-心体;4-销钉;5-套筒;6-螺母

4. 工件以组合表面定位

工程实际中,工件往往以几个表面同时定位,例如用两个平行孔、两个平行阶梯表面、阶梯轴的两个外圆等,这都称为"工件以组合表面定位"。这时,由于几个定位表面间的相互位置,总是具有一定的误差,若将所有支承元件都做成固定的,工件将不能正确地定位,甚至无法定位。因而,在组合表面定位时,必须将其中的一个(或几个)支承做成浮动的,或虽是固定的,但能补偿其定位面间的误差。

下面对常见的几种组合表面定位方法及所用元件加以说明。

1) 以轴心线平行的两孔定位

工件以两孔定位的方式,在生产中普遍用于各种板状、壳体、杠杆等零件,例如机床主轴箱、发动机缸体都用此法定位加工。例如图 1-26 所示,用箱体的两孔及平面定位。若以两个圆柱销做定位件时,常会产生过定位现象,即当左销套上工件孔后,右销很难同时套上而产生定位干涉。为了使得夹具能适应一批工件上"变动"的两孔中心距,通常将右边定位销在两销连心线的垂直方向削去两边,做成图 1-26(b)所示的削边销,就可在连心线方向上获得间隙补偿,能使工件两孔与两销顺利安装,并且使定位较准确,即此时的削边销只限制工件的一个转动自由度,解决了过定位而产生的干涉问题。

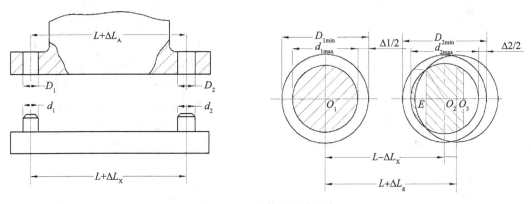

图 1-26 工件以两孔定位

削边销的宽度计算,应考虑在图纸规定公差范围内的任一工件,都保证能够装在夹具的两定位销上,这要分析可能出现定位干涉的极限情况。如表 1-1 为工件装在夹具上的一种极限位置,可按几何关系对定位削边销宽度 b 的大小进行计算,但实际生产中,更多的是按工件孔的基本尺寸直接选定削边销宽度 b。

表 1-1

	D_2	3～6	7～8	9～20	21～25	26～32	33～40	41～50
	b	2	3	4	5	5	6	8
	B	$D_2-0.5$	D_2-1	D_2-2	D_2-3	D_2-4	D_2-5	D_2-5

2) 以轴心线平行的两外圆表面定位

如图 1-27 所示,若工件在垂直平面定位后,再将工件左端外圆用圆孔或 V 形块定位时,则工件右端外圆所用的 V 形块,一定要做成浮动结构,这时只起限制一个自由度的作用,否则就会过定位。

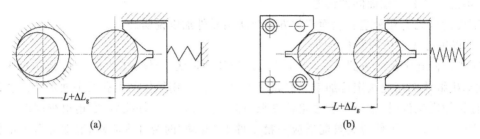

(a)   (b)

图 1-27   以两外圆表面定位

3) 以一个孔和一个平行于孔中心线的平面定位

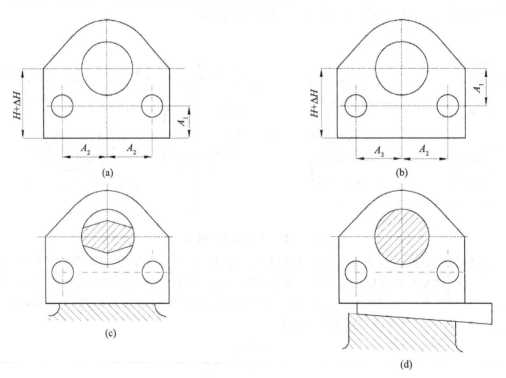

(a)   (b)

(c)   (d)

图 1-28   以一孔和一平面定位

如图 1-28 所示两个零件均需以大孔及底面定位,加工两个小孔。视其加工尺寸要求而定,可以有两种定位方案。根据基准重合原则,图 1-27(a)零件应选用图 1-27(c)方案,即平面用支承板定位,孔用削边销定位,且削边方向应平行于定位平面,以补偿孔中心线与底面间距离的尺寸公差;图 1-27(b)零件则宜采用图 1-27(d)的方案,即孔用圆销定位,而平面下方则加入楔形块可使定位平面升降,以补偿工件孔与平面间的尺寸误差。

1.3　定位误差

1.3.1　定位误差的概念

工件的加工尺寸要求是由加工表面与某个已加工或未加工表面的尺寸标注来表述的，这个已加工或未加工表面就是设计基准，例如图1-29所示零件，加工平面2时，设计基准是底面3，加工平面1时，设计基准是平面2。

工件上用来作为定位的表面称为定位基准，定位表面有各种形式，如平面、外圆、内孔、成型面等。当工件的定位基准与设计基准不重合时，会导致工件的设计基准在安装过程中，产生一定的位置变化；对于一批工件，尺寸是在一定范围内变动的，工件上作为定位基准的表面自然也存在误差，也会使设计基准产生位置变化；此外，由于夹具定位元件本身的制造误差，也可能带来设计基准的位置变化。我们就把这种工件上加工表面的设计基准在加工尺寸方向上的最大变动量，称为"定位误差"。

加工一批工件时，刀具相对于工件定位基准的位置是确定的，所以每个工件的加工表面在夹具中的位置是不变的（在此暂不考虑刀具磨损、工件材质不匀、加工中的振动等客观存在的随机因素的影响），如果工件的设计基准的位置在加工尺寸方向上是变动的，这将直接影响工件的加工尺寸精度。因此必须根据具体的定位方式分析定位误差产生的原因，并采取相应的对策，以保证加工精度。

1.3.2　基准不重合误差

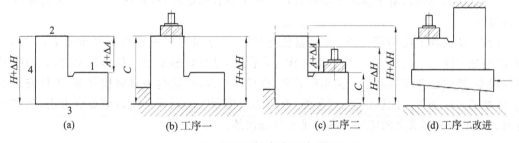

图1-29　基准不重合产生的定位误差

图1-29所示零件，底面3与侧面4在上道工序已经加工好，现在需要加工平面1、2，均用底面及侧面定位。

在图1-29(b)工序一中以底面3定位加工平面2，由于定位基准与设计基准重合，均为底面3，其图纸的设计尺寸 $H \pm \Delta H$，与加工时刀具以底面3为起点调整控制尺寸 $C = H \pm \Delta H$（对一批工件来说，可看作为常量）两者一致，故定位误差 $\varepsilon_A = 0$。

在1-29(c)工序二中仍以底面3定位加工平面1，图纸要求的设计尺寸为 $A \pm \Delta A$，而加工时刀具仍以底面3为起点调整尺寸 C。因此，在这种情况下，即使不考虑本工序的加工误差，由于这种定位方法，已经可能使加工尺寸 A 发生变化（在工序一留下的误差 $\pm \Delta H$ 范围内波动),因而也就产生了定位误差。

按照定位误差的定义,可由以下方法求出其大小:

(1) 画出被加工零件定位时的两个极限尺寸的位置。

(2) 从图形中的几何关系,找出零件图上被加工尺寸之设计基准的最大变动量(最大值与最小值之差)。

因此,工序二尺寸 A 的定位误差 ε_A 为:

$$\varepsilon_A = (H + \Delta H) + (H - \Delta H) = 2\Delta H$$

例:图 1-30 所示零件在上道工序已获得尺寸 $A = 45^{+0.10}_{-0.01}$,本工序铣削工件右边的上表面,尺寸要求为 $B = 24^{+0.05}_{-0.02}$,若以底面定位,定位方案带来的定位误差有多大? 这对于加工将带来什么影响?

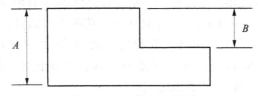

图 1-30   平面加工示例

解:(1) 尺寸 B 的设计基准是顶面,但加工时的定位基准是底面,这样的定位方案带来的定位误差就是顶面相对于底面的变动量,即 0.11mm。

(2) 由于尺寸 B 的公差带宽为 0.07mm,小于定位误差,这意味着即使不考虑加工过程中实际上难以避免的各种影响因素带来的加工尺寸波动,仅仅是定位误差就已超出加工尺寸的允许变动范围,因此加工将无法进行。

事实上,即使定位误差小于加工尺寸的公差带,也会由于定位误差"占用"了一部分公差带而使得加工难度增大。

上述误差,完全是由于定位基准和设计基准不重合引起的,可称这类定位误差为基准不重合误差。

所以,从提高定位精度出发,应尽量使定位基准与加工表面之设计基准重合。图 1-29(d)改进工序二的定位方法,用平面 2 作为定位面,使设计基准与定位基准重合,就消除了定位误差,使定位精度提高了。但也应看到,这样的更改,也使得夹具结构复杂,工件安装不便,降低了工件加工时的稳定性、可靠性,有可能产生更大的误差。所以应综合考虑,生产中有时候对于基准不重合的定位方案也是允许选用的。

1.3.3 基准位移误差

如前面所述,定位误差等于在工件加工尺寸方向上设计基准的最大变动量。工件定位基准和夹具定位元件本身的制造误差都会使工件被加工表面的设计基准在加工尺寸方向上产生变动,其变动量的大小与工件的定位方式、上道工序的加工精度、本道工序的加工尺寸标注方法等有关。具体的计算方法通过以下典型实例加以说明,其他的情形可依此类推。

例:工件用 V 形块定位时的定位误差计算。

图 1-31 所示三批直径为 $d^{0}_{-\Delta d}$ 的轴,在 V 形块上定位铣平面,加工表面的设计尺寸,有三种不同的标注方法:

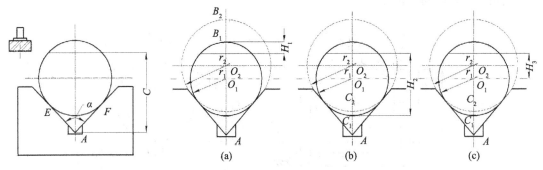

图 1 - 31 用 V 形块定位时的定位误差

（1）图 1 - 31(a)中要求保证上母线到加工面尺寸 H_1，即设计基准为 B；

（2）图 1 - 31(b)中要求保证下母线到加工面尺寸 H_2，即设计基准为 C；

（3）图 1 - 31(c)中要求保证轴心线到加工面尺寸 H_3，即设计基准为 O，

这时工件的定位基准均为外圆上的半圆面,但由于用 V 形块定位,当工件尺寸有大小时,接触点 E、F 位置会变化。前面已经说到,工件被加工表面的设计基准,在加工尺寸方向上产生变动而形成定位误差,通常称为"基准位移误差",因此,对尺寸 H_1、H_2、H_3,都有因基准不重合和基准位移而造成的定位误差。现对三种情况分别计算如下：

（1）尺寸 H_1 的定位误差：

当工件从最小直径变到最大直径,这时设计基准的最大变动量为 B_1B_2,这就是尺寸 H_1 的定位误差,由图中几何关系可求出其大小为

$$B_1B_2 = \frac{\Delta d}{2}\left(\frac{1}{\sin\frac{\alpha}{2}} + 1\right)$$

（2）尺寸 H_2 的定位误差：

当工件从最小直径变到最大直径,这时设计基准的最大变动量为 C_1C_2,这就是尺寸 H_2 的定位误差,由图中几何关系可求出其大小为：

$$C_1C_2 = \frac{\Delta d}{2}\left(\frac{1}{\sin\frac{\alpha}{2}} - 1\right)$$

（3）尺寸 H_3 的定位误差：

当工件从最小直径变到最大直径,这时设计基准的最大变动量为 O_1O_2,这就是尺寸 H_3 的定位误差,由图中几何关系可求出其大小为：

$$O_1O_2 = \frac{\Delta d}{2}\left(\frac{1}{\sin\frac{\alpha}{2}}\right)$$

通过以上计算,可得出如下结论：

（1）定位误差随毛坯误差增大而增大。

（2）定位误差随 V 形块夹角增大而减小,但定位稳定性却差了,故一般用 V 形块夹角为 90°。

（3）定位误差与加工尺寸标注方法有关。

毛坯误差对定位误差的影响需要根据不同定位方案进行具体分析,图 1 - 32 是在圆轴

上铣键槽的两种不同定位方案：

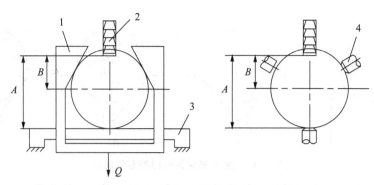

图 1-32　圆轴铣键槽定位方案对定位误差的影响

1-活动件;2-铣刀;3-固定块;4-三爪卡盘卡爪

　　在第一种定位方案中,工件放置在固定块 3 上,在活动件 1 上施加夹紧力 Q 使工件被夹紧。无论圆轴的直径有何变化,工件下母线的位置都是固定的,因此对于尺寸 A 来说,就不存在定位误差。由于工件的轴心线的位置随着圆轴直径尺寸而上下变动,所以对于尺寸 B 而言,存在着定位误差,其值为圆轴直径公差值的一半。

　　在第二种定位方案中,工件由自动定心的三爪卡盘来装夹,无论圆轴的直径有何变化,工件轴心线的位置都是固定的,因此对于尺寸 B 来说,就不存在定位误差。由于工件的下母线的位置随着圆轴直径尺寸而上下变动,所以对于尺寸 A 而言,存在着定位误差,其值为圆轴直径公差值的一半。

　　例:阶梯轴定位方案如图 1-33 所示,用大端的部分在 90°V 形铁上定位,在小端的部分加工平面,以获得尺寸 H,已知大端的直径 $D = \phi 120^{0}_{-0.12}$,小端的直径 $d = \phi 80^{0}_{-0.10}$,若不计两段轴的同轴度误差,试算出本工序的定位误差。

　　解:由于大端直径变动而导致的轴中心线的上下位置变动量为

$$O_1 O_2 = \frac{0.12}{2}\left(\frac{1}{\sin 45°}\right) = 0.085 \text{mm}$$

　　小端轴的下母线相对于轴中心线的位置变动量为 0.05mm,本工序的定位误差为

$$0.085 + 0.05 = 0.135 \text{mm}$$

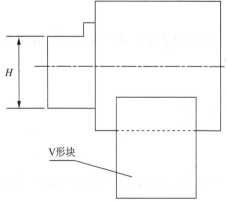

图 1-33　阶梯轴在 V 形块上定位

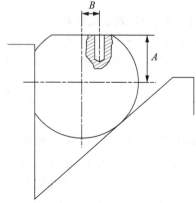

图 1-34　削边圆轴在半 V 形块上定位

当 V 形块为非完整形式时,也可对定位误差作相应的计算。

例:削边圆柱形工件在半 V 形块上的定位方案如图 1-34,V 形块两个定位面的夹角为 40°。工序 1:铣平面,要求保证尺寸 A;工序 2:钻孔,要求保证尺寸 B。已知削边圆柱的直径 $D = \phi 90^{+0.10}_{-0.04}$,垂直边距离圆心的尺寸是 $40^{0}_{-0.10}$,试算出两道工序的定位误差。

解:由于大端直径变动而导致轴的水平中心线的上下位置变动量为

$$O_1 O_2 = \frac{0.14}{2}\left(\frac{1}{\sin 40°}\right) = 0.109\text{mm}$$

垂直边与圆心之间的尺寸变动将使得圆心线沿着平行于 V 形块斜边的轨迹运动,这个运动的垂直分量为

$$O'_1 O'_2 = \frac{0.10}{\tan 40°} = 0.119\text{mm}$$

因此,铣平面工序中的定位误差为

$$0.109 + 0.119 = 0.228\text{mm}$$

钻孔工序中的定位误差就是垂直圆心线在水平方向的变动量,其值等于垂直边与圆心之间的尺寸变动量,即 0.10mm。

1.3.4 保证加工精度得以实现的条件

工件利用夹具加工时,影响加工精度的误差因素除定位误差外,还有夹具的有关制造误差、夹具安装误差以及加工误差。

为了保证工件的加工精度,必须使上述所有误差因素对工件加工的综合影响,控制在工件所允许的公差范围 $\delta_{工件}$ 之内,即:

$$\varepsilon_{定位} + \varepsilon_{制造} + \varepsilon_{安装} + \varepsilon_{加工} < \delta_{工件}$$

此不等式即为保证规定加工精度实现的条件,也称为用夹具安装加工时的误差计算不等式。

1.4 工件的夹紧

1.4.1 工件夹紧的基本要求

工件定位后,在随后的加工过程中还要受切削力、惯性力及工件自重等影响,将使工件产生位移或振动,破坏已有的正确定位,所以必须用夹紧机构将工件固定在定位元件上。

确定方法一般应与定位问题同时考虑,夹紧方案通常要满足以下要求:

(1)夹得稳　夹紧时不能破坏工件的正确定位;夹紧机构的动作应平稳,有足够的刚度和强度。

(2)夹得牢　夹紧力要合适,过小易使工件移动或振动,过大则会使工件变形或损伤,影响加工精度。此外,夹紧机构要有自锁作用,即原始作用力去除后,工件仍能保持夹紧状态不松开。

（3）夹得快　夹紧机构应简单、紧凑，操作时安全省力、迅速方便，以减轻劳动强度，缩短辅助时间，提高生产效率。

为达到以上要求，设计夹紧机构时，首先必须合理确定夹紧力的三要素：大小、方向和作用点（数量和位置）。

1. 夹紧力方向的确定

尽管生产中工件的安装方式多种多样，但夹紧力方向的选择，可归纳成下列几条原则：

（1）夹紧力作用方向应不破坏工件定位的准确性。

一般夹紧力应朝向主要定位基准，保证工件与定位元件可靠地接触。

如图 1-35 直角支座镗孔，要求孔与工件上的 A 面垂直，所以 A 面为主要定位基准，夹紧力方向使其定位可靠。

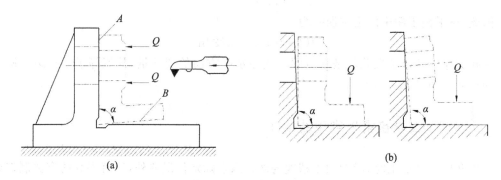

图 1-35　直角支座镗孔

（2）夹紧力方向应使工件变形尽可能小。

由于工件不同方向上的刚度是不等的，不同的受力表面也因其接触面积大小而变形各异。尤其在压紧薄壁零件时，更需密切注意这种情况，如图 1-36 所示套筒内圆表面加工，三爪卡盘夹紧外圆时的工件变形比用特制螺母从轴向夹紧的变形大。

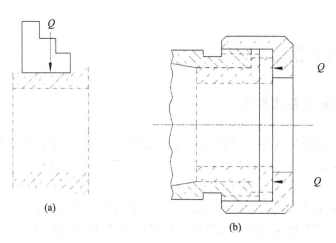

图 1-36　套筒夹紧

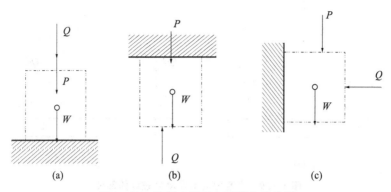

图 1 - 37 夹紧力方向与夹紧力的关系

（3）夹紧方向应使所需夹紧力尽可能小。

减小夹紧力就可以减轻工人劳动强度，提高劳动效率，同时使机构轻便、紧凑，工件变形小。因此，夹紧力 Q 的方向最好与切削力 P、工件重力 W 的方向重合，这种情形下所需夹紧力最小。

如图 1 - 37 所示为钻床上钻孔的情况，图 1 - 37(a)情形较为理想；图 1 - 37(b)情形下，P、W 都与 Q 反向，（此情形可在钻削工件定位面上的孔时遇到），此时所需夹紧力 Q 比图 1 - 37(a)情形大得多；图 1 - 37(c)情形下，P、W 都与 Q 方向垂直，为避免工件加工移位，应使夹紧后产生的摩擦力大于 $P+W$，故这时所需夹紧力最大。

从以上分析可知：夹紧力大小与夹紧方向直接有关，在考虑夹紧方向时，只要满足夹紧要求，夹紧力越小越好。

2. 夹紧力作用点的选择

夹紧力作用点对工件夹紧的稳定和变形有重要影响，要注意以下原则：

（1）夹紧力应落在支承元件上或几个支承元件所形成的支承面内，如图 1 - 38，夹紧力落在支承面范围之外，会使工件倾斜或移动。

（2）夹紧力应落在刚度较好的部位上，这对刚度较差的工件尤其重要，如图 1 - 39，将作用点由中间的单点改成两旁的两点夹紧，变形情况大大改善，夹紧也较可靠。

（3）夹紧力应尽量靠近加工面，这可使切削力对此夹紧点的力矩减小，从而减少工件的振动。如图 1 - 40 所示。

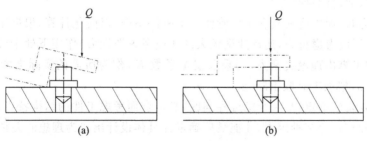

图 1 - 38 夹紧力应落在支承面内

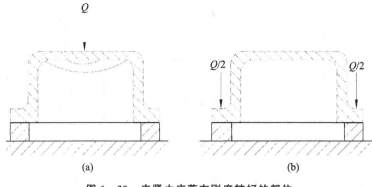

图 1 - 39　夹紧力应落在刚度较好的部位

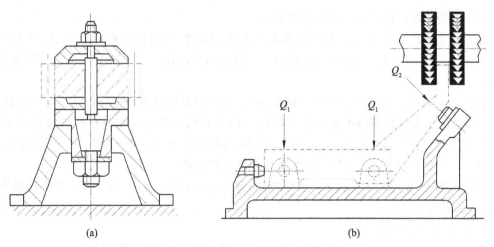

图 1 - 40　夹紧力应尽量靠近加工面

3. 夹紧力大小的估算

为保证工件定位的稳定及选择合适的夹紧机构,就必须知道所需夹紧力的大小。

手动夹紧时,可由人力控制,一般不需算出确切数值,必要时才对螺钉压板的尺寸作强度和刚度校核。

设计机动(如气动、液压、电力等)夹紧装置时,则应计算夹紧力大小,以便决定动力部件的尺寸(如气缸、活塞的直径等)。

计算夹紧力时,通常将夹具和工件看作一个刚件系统,以简化计算,根据工件在切削力、夹紧力(大工件还应考虑重力,运动速度较大的还应考虑惯性力)作用下处于外力平衡,列出平衡方程式,即可算出理论夹紧力,再乘以安全系数 K,作为所需的实际夹紧力,K 值在粗加工时取 2.5~3,精加工时取 1.5~2。

夹紧力三要素的确定,是一个综合性问题,必须全面考虑工件的结构特点、工艺方法、定位元件的结构和布置等多种因素,才能最后确定并具体设计出较为理想的夹紧机构。

1.4.2　典型夹紧机构

在机械夹紧中,常见的斜楔、偏心、螺旋等机构,都是利用机械摩擦的斜楔自锁原理。

1. 斜楔夹紧

图 1-41 为斜楔夹紧的钻夹具。以外力将斜角为 α 的斜楔推入工件和夹具之间后,在斜楔两侧面便受到以下各种力:工件对它的反作用力 Q 和由此引起的摩擦力 F_1、夹具体对它的反作用力 R 和由此引起的摩擦 F_2。

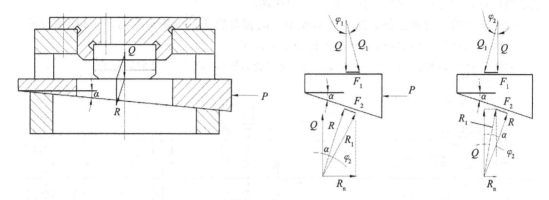

图 1-41 斜楔夹紧

设与 F_1、F_2 有关的摩擦角为 φ_1、φ_2,可由静力平衡原理得到斜楔所产生的夹紧力:

$$Q=\frac{P}{\tan\varphi_1+\tan(\alpha+\varphi_2)}$$

斜楔夹具的自锁条件:$\alpha \leqslant \varphi_1+\varphi_2$

钢铁的摩擦系数 μ 约为 0.1~0.5,则 $\varphi_1=\varphi_2=5°~7°$,因此 $\alpha \leqslant 10°~14°$,通常为了可靠,取 $\alpha=5°~7°$。

斜楔夹紧的特点

(1) 斜楔机构简单,有增力作用,α 愈小增力作用愈大。

(2) 斜楔夹紧行程小,且受 α 的影响,增大 α 能增大行程,但自锁性能变差。

(3) 夹紧和松开需敲击斜楔大、小端,操作不便。采用气-液压夹紧时,斜楔上作用的动力源是不间断的,所以不必自锁,α 可增大,以扩大行程。为解决增力、行程间的矛盾,斜楔还可采用双升角形式,大升角用于夹紧前的快速行程,小升角则满足增力和自锁条件。

2. 螺旋夹紧

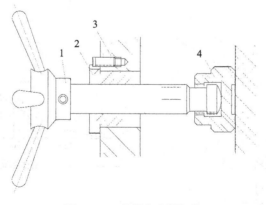

图 1-42 单螺旋夹紧机构

螺旋夹紧结构简单,夹紧可靠,所以在夹具中得到最广泛的应用。简单的螺旋夹紧机构采用螺杆直接压紧工件,如图1－42所示。在夹具体上装有螺母2,螺杆1在2中转动而起夹紧作用,压块4是防止在夹紧时带动工件转动,并避免1的头部直接与工件接触而造成压痕,同时也可增大夹紧力作用面积,使夹紧更为可靠,螺母2采用可换式,其目的是为了内螺纹磨损后可及时更换。螺钉3用以防止2的松动。

螺旋夹紧的主要缺点是装卸工件的辅助时间相对较长。分析夹紧力时,可把螺旋看作是一个绕在圆柱体上的斜面,展开后就相当于斜楔了。

实际生产中,螺旋压板组合夹紧的使用较广泛,图1－43为较典型的三种:

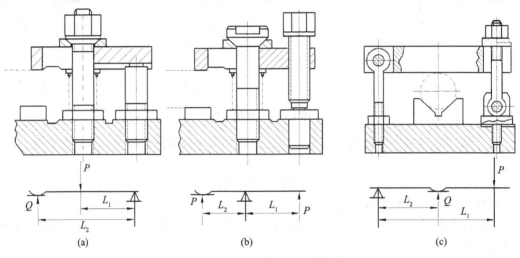

图1－43　螺旋压板组合夹紧机构

3. 偏心夹紧

偏心夹紧是一种快速的夹紧机构。常的有圆偏心和曲线偏心两种,可做成平面凸轮或端面凸轮的形状。圆偏心结构简单,制造方便,比曲线偏心应用得更广泛。

如图1－44所示的圆偏心轮,其轴心与圆盘中心有偏心距e,转动手柄后,其外圆逐渐接近并最终夹紧工件,p为偏心e处于水平位置时夹紧后的接触点。

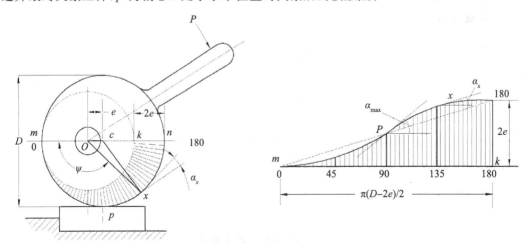

图1－44　圆偏心轮及其展开

圆偏心也可看作一个斜楔,将偏心轮廓线展开,可知圆偏心实质是一曲线斜楔。曲线上任意点的斜率即为该点的斜楔升角 α,显然 α 是变化的,所以偏心轮圆周面上各段的下压行程和自锁特性是不同的。

设计圆偏心时,要考虑以下各个问题:自锁条件;保证足够的夹紧力;保证足够的夹紧距离(即偏心轮工作部分与工件接触点的最大垂直位移)。

(1) 偏心夹紧的自锁条件

偏心夹紧必须保证自锁,否则就不能使用。

对于钢铁零件的钢铁偏心轮夹紧,一般认为满足偏心轮 $D/e \geqslant 14 \sim 20$ 的条件时,机构就能自锁。D/e 值称为偏心轮的偏心特性,表示偏心轮工作的可靠性;此值大,自锁性能好,但结构尺寸也大。

(2) 偏心夹紧的夹紧力

偏心夹紧的夹紧力计算可按斜楔夹紧的原理进行,具体计算可参见有关设计手册,需要指出的是,偏心夹紧的夹紧力远较螺旋夹紧力为小,行程也受限制,故偏心夹紧只能应用在切削力小、无振动、工件被夹紧部位的尺寸公差不大的情况。

(3) 偏心轮的夹紧行程

设计偏心夹紧时,首先应考虑足够大的行程,行程太小,工件放不进,过大则工件夹不紧。在这基础上,再选择偏心距 e(常取 $1.7 \sim 7$mm),然后按自锁条件确定外径 D,最后进行夹紧力验算和设计具体结构。

为装卸方便,常使偏心轮结构只保留工作表面部分,而将其余部分去掉。

1.4.3　动力夹紧装置

手动夹紧机构在使用时比较费时费力,为了改善劳动条件和提高生产率,在大批量生产中均采用气动、液压、电磁、真空等动力夹紧装置。

1. 气动夹紧

它是使用压缩空气为动力的一种夹紧传动装置,多由工厂内压缩空气站集中供气。

压缩空气由管路传来后,一般经总开关通过空气除水滤清器,去除水分和杂质后经润滑器使空气与雾化的润滑油混合,再经调压阀、单向阀、分配阀进入夹具的工作腔。

调压阀是将压缩空气调到一定压力以保证夹紧力稳定,单向阀使空气只沿单向通过,防止夹具工作腔内压缩空气回流,分配阀由手柄操纵,按需要改变空气流向以夹紧或松开工件。管路中应安装压力继电器,与机床电动机联锁,如通管路气压骤降,即停止机床运转,确保安全。

在气动夹紧时,气缸是主要件,气缸尺寸主要根据夹紧力确定。

2. 液压夹紧

液压夹紧用高压油产生动力,工作原理及结构与气动夹紧相似。其共同的优点是:操作简单省力、动作迅速,使辅助时间大为减少。而液压夹紧特有的一些优点是:

（1）压力高,比气压高十几倍,故油缸比气缸尺寸小得多,由于压力大,通常不需增力机构,可使夹具简单紧凑。

（2）油液不可压缩,故夹紧刚性大,工作平稳,夹紧可靠。

（3）噪音小,劳动条件好。

当机床没有液压系统时,需设置专用的夹紧液压系统,将会使夹具成本提高。如果工厂有压缩空气站集中供气,则可使用气—液压组合夹紧。

3．气–液压组合夹紧

气–液压组合夹紧的能量来源为压缩空气。其工作原理是利用压缩空气使油缸活塞杆以低压快速移动,达到所需行程后,再产生较高油压夹紧工件。可分为三个工作过程:(1)快速预压;(2)高压夹紧;(3)工件松开。

由于油压夹紧压力高,工作油缸可做得很小,安装在夹具中灵活方便,而压缩空气用量比单用气动夹紧时要少,又不需专门高压供油系统,较受使用单位欢迎。

4．真空夹紧

它是利用封闭腔内真空的吸力来夹紧工件,实质上是利用大气压力来夹紧工件。

夹具体上装有橡皮密封圈,工件放上后,与夹具体之间形成封闭腔,再通过孔道用真空泵抽出腔内空气,达一定真空度后,工件就被大气压力均匀地压紧在夹具体上。

真空夹紧特别适用于夹紧由铝、铜及其合金、塑料等非导磁材料制成的薄板形工件,或刚度较差的大型薄板零件(如飞机上的整体壁板等)。

5．电磁夹紧

一般都是作为机床附件的通用夹具,如平面磨床上的磁力吸盘等。由于电磁夹紧力不大,只适宜于切削力较小的场合,尤其在磨削加工中用得较多。

1.5　机床夹具简介

1.5.1　车床夹具

车床夹具使用时,需要将其安装在车床主轴端上并带动工件回转而进行加工。车床上除了使用顶尖、三爪卡盘、四爪卡盘、花盘等一类通用夹具外,常按工件的加工需要设计专用心轴和其他专用夹具。图1－45所示在车床上应用的为壳体零件镗孔并车削端面的专用夹具。

花盘是获得广泛应用的一种车床附件,花盘上有各种圆形孔和条状孔,可以插入螺杆以便固定夹具部件、工件和平衡块。花盘直接与车床主轴端连接,由此带动工件旋转进行切削。图1－46所示为一种花盘角铁式车床夹具。

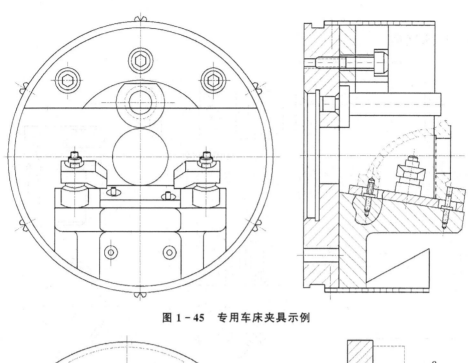

图 1 - 45　专用车床夹具示例

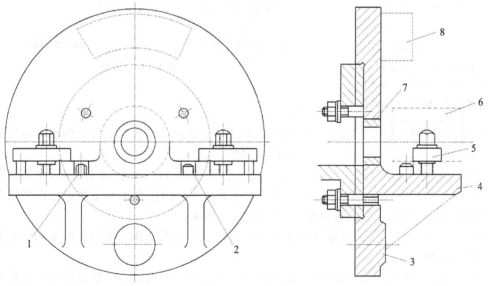

图 1 - 46　花盘角铁式车床夹具

1-削边销；2-圆柱定位销；3-轴向定程基面；4-夹具体；5-压块；6-工件；7-导向套；8-平衡块

车床夹具的特点是：

（1）夹具随车床主轴一起旋转，因此要求结构紧凑、轮廓尺寸小、重量轻，而且其重心尽可能靠近回转轴线，以减少惯性力和回转力矩。

（2）应有平衡措施，消除回转不平衡产生的振动现象，平衡块的位置应该能调节。

（3）与主轴端联结部分应有较准确的与具体使用的车床相符的圆柱（圆锥）孔。

（4）为使夹具使用安全，尽可能避免带有尖角或凸出部分，必要时回转部分外面要加罩壳，工件的夹紧装置也要可靠，防止松动飞出。

1.5.2 钻床夹具

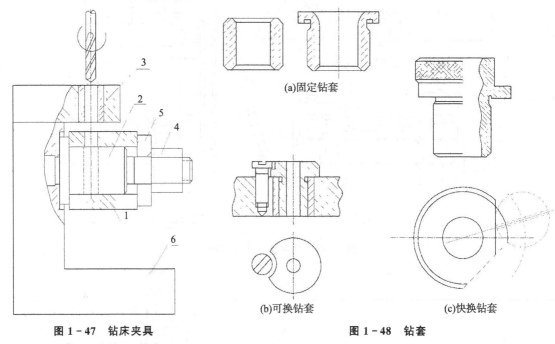

图 1－47　钻床夹具
1-工件；2-柱销；3-钻套；
4-螺帽；5-垫固；6-夹具体

图 1－48　钻套
(a)固定钻套
(b)可换钻套
(c)快换钻套

钻床夹具简称"钻模"，是用在钻床上，以钻模导套来保证钻头与工件之间相互位置精度的夹具。图 1－47 是钻床夹具一般形式的示意图。

钻套是钻床夹具所特有的零件。钻套用来引导钻头、铰刀等孔加工刀具，加强刀具刚度，并保证所加工的孔和工件其他表面准确的相对位置。用钻套比不用钻套可以平均减少孔径误差 50%。常用的钻套已标准化，如图 1－48 所示。

图 1－48(a)为固定钻套，用于小批生产中只有一个钻头钻孔的场合。固定钻套又分带肩、不带肩两种形式。

图 1－48(b)为可换钻套，用于大批、大量生产中，可克服固定钻套磨损后无法更换的缺点。为避免钻套更换时夹具的损伤，在夹具与钻套之间可加一中间衬套。

图 1－48(c)为快换钻套，用在工件孔需要几把刀具(如钻头、扩孔钻、铰刀)顺序加工时可以快换。快换钻套的头部制造有缺口，更换时不必拧下螺钉，只要将钻套转过一个角度即可快速取出。缺口的位置应考虑钻头的回转方向。快换钻套与夹具之间，也有中间衬套，配合情况与可换钻套基本相同。

钻套的具体设计可参见有关设计手册。

1.5.3 铣床夹具

铣床夹具的种类比较多，按工件进给方式，一般可分为直线进给、圆周进给、靠模进给几类。铣削加工中的切削力较大,同时由于是各个刀齿依次切入切出,所以振动也比较大,因此铣床夹具应能提供较大的夹紧力,夹具刚性也应较好。

铣床夹具在机床工作台上的位置是由夹具底面上的定位键决定的。

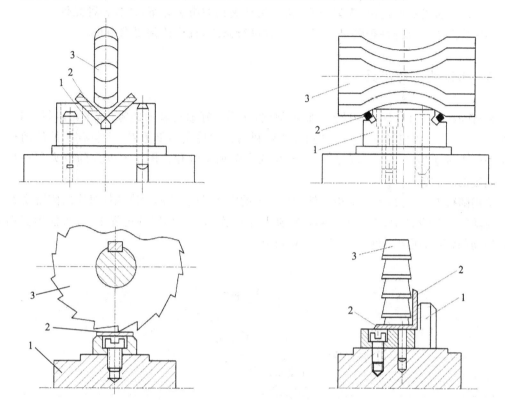

图 1 - 49   对刀装置
1 -对刀块;2 -塞尺(对刀量块);3 -铣刀

铣床夹具还常设有对刀装置,目的是快速调整刀具相对于工件的位置,图 1 - 49 是一般常用的几种。

当夹具在机床工作台上的位置已经固定后,就可移动工作台(或刀架),使铣刀接近对刀块。然后,在刀齿与对刀块之间,塞进一个规定厚度的塞尺,以确定刀具的最终位置,如果让铣刀直接与对刀块接触,易于碰伤刀刃和对刀块,而且接触的松紧程度不易感觉,影响对刀精度。有时在生产实际中,为简化夹具结构,大多不用对刀装置,在一批工件正式加工前,对安装在夹具上的首件采用试切调整刀具位置。

1.5.4   机床组合夹具

组合夹具是根据加工工件的工艺要求,利用一套标准元件组合而成的夹具。夹具使用完毕后,可以拆开、清洗,留待以后再用,因此省去了专用夹具的设计、制造时间,缩短了生产准备时间,尤其适用于数控加工的单件小批量生产特点。

组合夹具的零件可分为几个大类:基础件、支承件、定位件、导向件、夹紧件、紧固件、辅助件和组合件。其中组合件是由若干零件组合的独立部件,在组装过程中作为一个独立单元使用,如顶尖座、浮动压块等。

组合夹具的组装可分为以下几个阶段:

(1) 根据零件的工艺及本工序所需进行的加工和技术要求来确定定位、夹紧方案。

(2) 根据所确定的定位、夹紧方案,构思组合夹具的组装方案,试选各种元件。

(3) 试组装并检查是否满足加工要求,并进行修改,直至达到要求为止。

1.5.5　自动线随行夹具

在自动线上加工零件时,对于形状不规则,又无良好输送基面的零件,采用随行夹具,一般在加工前,将工件安装在随行夹具上,然后利用自动传送装卸系统,将装有工件的随行夹具由一个工位送到另一个工位加工,直至完成全部加工过程。图 1-50 为随行夹具在自动线上应用的示意图。

采用随行夹具,可以大大减少零件在机床上的安装时间,从而提高数控机床的使用效率。

在随行夹具设计中,必须考虑到随行夹具在输送、提升、翻转等过程中,有可能因振动使工件松动的情况,所以工件夹紧必须稳定可靠。

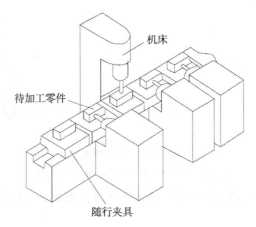

图 1-50　随行夹具应用示意图

习题与思考题

1. 为什么说夹紧不等于定位?

2. 机床夹具通常由哪几部分组成? 各起何作用?

3. 常见的定位方式、定位元件有哪些?

4. 辅助支承与自位支承有何不同?

5. 什么是定位误差? 试述产生定位误差的原因。

6. 题图 6 所示零件以平面 3 和两个短 V 形块 1、2 进行定位,试分析该定位方案是否合理? 各定位元件应分别限制那些自由度? 如何改进?

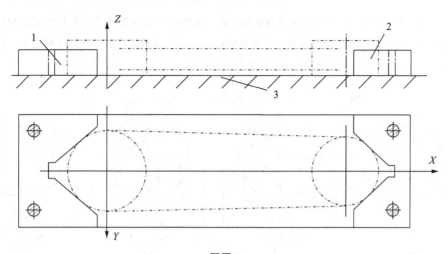

题图6

1、2-短 V 形块；3-平面

7. 根据六点定位原理，分析题图 7 所示各种定位方案中定位元件所限制的自由度情况。

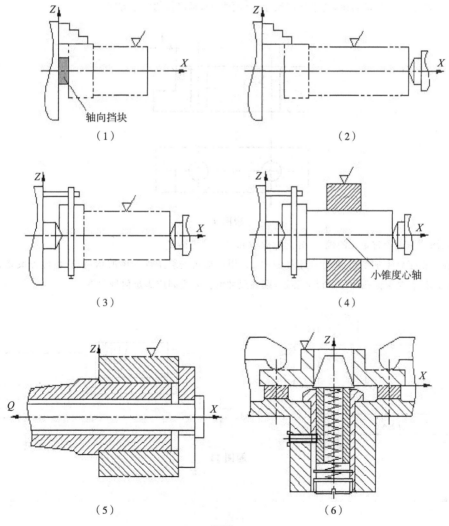

题图7

8. 有一批题图 8 所示工件,采用钻床夹具钻削工件上两小孔,除保证图样尺寸要求外,还须保证两孔的连心线通过 $\phi 60^{0}_{-0.1}$ mm 的轴线,其偏移量公差为 0.08mm。现可采用图示(b)(c)(d)三种方案。若定位误差不得大于加工允差的 1/2,试问这三种定位方案是否可行($\alpha = 90°$)?

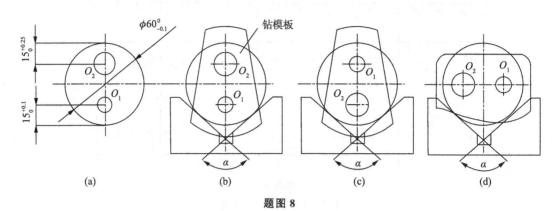

题图 8

9. 上道工序加工完成的六面体工件中间有两个孔,本工序中需要利用工件底面和两个平行孔作为定位面进行定位,加工右边的台阶,要求保证尺寸 A(题图 9),画出你的定位方案。

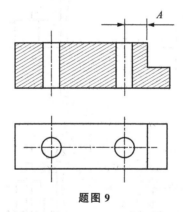

题图 9

10. 画图列举一个过定位的例子,并进行分析和提出改进措施。

11. 在一批工件上加工孔,尺寸要求如题图 11,用台虎钳安装工件如图所示,请分析此方案是否合理,给出你的方案,若要保证孔的位置尺寸要求,则各尺寸的公差之间应满足何种关系?

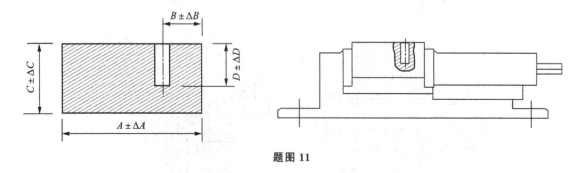

题图 11

12. 工件在夹具中夹紧时对夹紧力有何要求?

13. 斜楔夹紧、螺旋夹紧和偏心夹紧各有何优缺点?

14. 钻床夹具所特有的零件是什么?

15. 车床夹具有何特点?

16. 铣床夹具有何特点?

17. 自动线随行夹具有何特点?

2 机械加工精度

2.1 概述

2.1.1 加工精度和加工误差

加工精度是衡量机器零件加工质量的重要指标,它将直接影响整台机器的工作性能和使用寿命,随着科学技术的发展,对机器性能的要求不断提高,保证机器零件具有更高的精度,也越显得重要。因此,深入了解和研究影响加工精度的因素及其规律,采取相应的工艺措施,以确保零件的加工精度,是机械制造工艺学的重要课题之一。

在机械加工过程中,由于各种因素的影响,使得刀具与工件之间正确的相对位置产生偏移,因而加工出的零件不可能与理想的要求完全符合,我们把零件加工后实际几何参数与理想零件几何参数的相符合程度称为加工精度;反之,零件加工后实际几何参数与理想零件几何参数的不符合程度,则称为加工误差。

显然,加工精度和加工误差是同一个问题的两种表述,在生产实践中,都是通过控制加工误差来保证加工精度的。

零件的几何参数包括几何形状、尺寸和相互位置三个方面,故加工精度包括:

(1) 几何形状精度

控制加工表面宏观几何形状(如圆度、圆柱度、平面度、直线度等)的误差不超过一定范围。

(2) 尺寸精度

控制加工表面与其基准间的尺寸误差不超过一定范围。

(3) 相互位置精度

控制加工表面与其基准间的相互位置(如平行度、垂直度、同轴度、位置度等)的误差不超过一定范围。

一般情况下,零件的加工精度越高则加工成本也相对越高,生产率也相对越低,另一方面,在保证满足零件使用要求的条件下,零件也允许有一定程度的误差。因此,设计人员应该根据零件的使用要求,合理地规定零件的加工精度;工艺人员则根据设计要求、生产条件等采取适当的工艺手段,以保证加工误差不超过允许范围,并在此前提下尽量提高生产率和降低成本。

研究加工精度的目的,就是要弄清各种因素对加工精度影响的规律,掌握控制加工误差的方法,以获得预期的加工精度。

2.1.2 机械加工的经济精度

机械加工中,首先应使加工精度满足产品的要求,但加工精度并不是越高越好,因为加工精度高是以加工成本高为代价的,因此在满足产品要求的前提下,应降低加工成本,这就引出一个重要的概念:机械加工经济精度。

各种加工方法的经济精度是确定机械加工工艺路线时,选择经济上合理的工艺方案的主要依据。

各种加工方法的加工误差和加工成本之间的关系,大致上如图 2-1 所示呈负指数函数曲线形状,当加工误差为 Δ_2 时,再提高一点加工精度(即减少加工误差),则成本将大幅度上升;当加工误差达到 Δ_3 后,加工精度即使大幅度下降(即加工误差大幅度增加),成本降低却很少;因此,加工误差为 $\Delta_1 \sim \Delta_2$ 之间和 $\Delta_3 \sim \Delta_4$ 之间的精度不宜被采用,而只有在加工误差相当于 $\Delta_2 \sim \Delta_3$ 这样大小的加工精度范围,才属于经济精度范围。这里,大致上将相当于 Δ_2 和 Δ_3 的平均数的误差值 Δ_0 所对应的精度,作为平均经济精度。

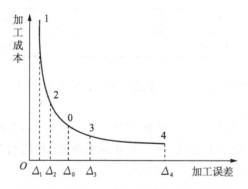

图 2-1 加工误差和加工成本之间的关系

各种加工方法经济精度的参考数据如表 2-1 所示(更详细的数据请参考有关机械加工手册)。表中数据是指正常生产条件下能达到的经济精度,当加工条件改善时,可以达到更高的精度。

由于超精加工和抛光加工方法,主要用来降低表面粗糙度,而加工精度主要由前道工序决定,所以表 2-1 中没有列入。

表 2-1　各种加工方法经济精度的参考数据

加工方法	精度等级		基本尺寸为 30~50 时的误差/mm	
	平均经济精度	经济精度范围	平均经济精度	经济精度范围
	国家标准	国家标准		
精车、精镗和粗刨	IT12~13	IT11~14	0.34	0.1~0.62
半精车、半精镗和半精刨	IT11	IT10~11	0.17	0.1~0.2
精车、精镗和精刨	IT9	IT6~10	0.05	0.02~0.1
细车和金刚镗	IT6	IT4~8	0.017	0.01~0.03
粗铣	IT11	IT10~13	0.17	0.10~0.34
半精铣和精铣	IT9	IT8~11	0.05	0.03~0.17
钻孔	IT12~13	IT11~14	0.34	0.17~0.62
粗铰	IT9	IT8~10	0.05	0.04~0.10
精铰	IT7	IT6~8	0.027	0.01~0.04
拉削	IT8	IT7~9	0.04	0.015~0.05
精拉	IT7	IT6~7	0.027	0.01~0.03
粗磨	IT10	IT9~11	0.10	0.05~0.17
精磨	IT6	IT6~8	0.017	0.01~0.03
细磨(镜面磨)	IT4		0.008	0.002~0.011
研磨	高于 IT4		<0.008	0.001~0.011

　　必须指出,经济精度的概念是有局限性的,它只提供某种加工方法在其经济精度范围内是可供选择的方法之一。

　　还应该指出,各表所列的经济精度数据不是一成不变的,随着科学技术的进步,机械加工方法的加工精度和生产率不断提高,加工成本不断降低,新的加工方法亦在不断出现,这些因素都会促成原有的经济精度数据的改变。

2.1.3　影响加工精度的原始误差因素

　　我们把切削加工时由机床、夹具、刀具和工件构成的整个系统,称为机械加工工艺系统(简称工艺系统)。切削加工中,零件的加工精度主要取决于工件和刀刃在切削成形运动过程中相互位置的正确程度。工件和刀具安装在机床和夹具上,并受机床和夹具的约束。切削加工过程中决定加工表面几何形状、尺寸和相互位置的工艺系统各环节间如偏离了正确的相对位置,就会产生加工误差。

　　引起工艺系统各环节间偏离正确的相对位置的因素称为原始误差。机械加工过程会涉及哪些原始误差?

　　要进行机械加工,首先必须将夹具和刀具安装在机床上,并对机床、夹具和刀具进行调整,使它们之间保持正确的相对位置,这时就会产生一定的调整误差;把工件安装在夹具中,工件在定位时就可能产生定位误差,而在夹紧力作用下工件又会产生一定的夹紧误差;在加工时,工件和刀具由机床带动做切削成型运动和进给运动,则机床、刀具和夹具的制造误差和磨损,以及加工过程中的切削力、惯性力、切削热和机床传动系统摩擦损耗转化的热量等造成的工艺系统的受力变形和热变形都将使工件与刀刃间的相对位置和成形运动出现误差而影响加工精度;上述这些都是影响很大的原始误差。在加工过程中还必须对工件进行测量,可见,测量误差也是一项不容忽视的原始误差,此外,工件在毛坯制造、切削加工和热处理时,所产生的残余应力会引起工件变形而产生加工误差。有时,采用近似的加工方法,也会带来加工原理误差。

综上所述,加工过程中可能出现的种种原始误差,可归纳如下:

第一类:工艺系统制造误差和磨损,具体有机床、夹具、刀具的制造误差和磨损。

第二类:工艺系统力、热效应引起的变形,包括工艺系统受力变形、工艺系统热变形、工件残余应力引起的变形等。

第三类:加工过程其他原始误差,包括加工原理误差、工件定位误差、调整误差、测量误差等。

2.1.4 误差敏感方向

各种原始误差的存在,使机床、刀具和工件之间的正确的相互位置关系和相互运动关系被破坏,然而,我们更关心的是这种破坏会在多大程度上影响加工精度,或者说这种破坏会造成多大的加工误差。

各种原始误差的方向是各不相同的,而加工误差是在工序尺寸方向上度量,所以加工误差可看作各种原始误差在工序尺寸方向上的综合效应,这就引入一个重要概念:误差敏感方向。

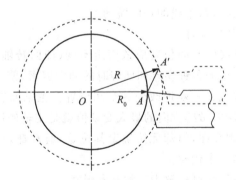

图 2-2　原始误差对加工误差的影响

以外圆车削为例,如图 2-2 所示,工件的回转轴线是 O,刀尖的正确位置在 A,由于各种原始误差的影响,使得刀尖偏移到 A',设偏移量 $\overline{AA'}$ 为 δ,由此引起工件加工后的半径由 R_0 变为 R,R_0 与 R 的夹角为 φ,可由图中几何关系算出加工误差 ΔR 为:

$$\Delta R = \sqrt{R_0^2 + \delta^2 + 2R_0\delta\cos\varphi} - R_0 \approx \delta\cos\varphi + \frac{\delta^2}{2R_0}$$

可知,当 $\varphi=0$(加工表面的法线方向),加工误差最大,当 $\varphi=90°$(加工表面的切线方向),加工误差最小。

为便于分析原始误差对加工精度的影响程度,把对加工精度影响最大的方向(即引起的加工误差为最大的方向)称为误差敏感方向,而把对加工精度影响最小的方向(即引起的加工误差为最小的方向)称为误差不敏感方向。在实际加工中,误差敏感方向是指加工表面与刀刃接触处的法线方向,误差不敏感方向是指加工表面与刀刃接触处的切线方向。

2.2 工艺系统的制造误差和磨损

2.2.1 机床误差

1. 机床主轴误差

(1) 主轴几何偏心

主轴产生几何偏心的原因,主要是主轴的制造误差(锥孔或定心外圆与支承轴颈有同轴度误差及定心轴肩支承面与支承轴颈有垂直度误差)。当主轴支承在滚动轴承中时,滚动轴承内孔与内圈滚道的同轴度误差也是主轴几何偏心的重要原因。

主轴几何偏心对工件加工精度的影响,在不同的机床上有不同的表现形式。对车床主轴,由于主轴几何偏心不会引起刀刃切削运动成型面产生误差,因此加工出的工件表面,不会产生圆度误差和断面的平面度误差,但它与装夹表面有相互位置误差(同轴度误差和端面的垂直度误差)。对圆磨床头架主轴(用卡盘装夹工件时),其影响情况也相同。对铣床主轴,主轴的几何偏心使刀刃切削运动成型面不是理想的平面,因此加工出的工件表面有平面度、直线度误差。对钻、镗床主轴,则会引起加工出的孔径尺寸变化。

主轴上定心轴肩支承面与回转轴线不垂直,在安装卡盘时,会引起卡盘与主轴回转轴线的几何偏心,因此对工件加工精度的影响亦如上述,但由于主轴与卡盘弹性变形等的影响,垂直度误差不会全部转化为卡盘轴线的径向跳动。

(2) 主轴回转轴线的误差运动

主轴运转时,其回转轴线的空间位置应该固定不变(即回转轴线没有任何运动)。由于主轴部件在加工、装配过程中的各种误差和回转时的动力因素,使主轴回转轴线产生了相应的误差运动,因此回转轴线也在不断地改变其空间位置。主轴回转时其瞬时回转轴线相对于理想回转轴线的偏移在误差敏感方向的最大变动值就是主轴的回转误差。

理想回转轴线虽是客观存在,但却无法确定其位置,通常都是以平均回转轴线(即主轴各瞬时回转轴线的平均位置)来代替。

主轴回转轴线的误差运动,可分解为三种基本形式:

① 轴向漂移——瞬时回转轴线沿平均回转轴线方向的漂移运动。它主要影响所加工工件的端面形状精度而不影响圆柱面的形状精度,在加工螺纹时则影响螺距精度。

② 径向漂移——瞬时回转轴线始终平行于平均回转轴线,但沿 Y 轴和 Z 轴方向有漂移运动,因此在不同横截面内,轴心的误差运动轨迹都是相同的。径向漂移运动主要影响所加工工件圆柱面的形状精度,而不影响其端面的形状精度。

③ 角向漂移——瞬时回转轴线与平均回转轴线成一倾斜角,但其交点位置固定不变的

漂移运动。因此,在不同横截面内,轴心的误差运动轨迹是相似的。角向漂移运动主要影响所加工工件圆柱面的形状精度,同时对端面的形状精度也有影响。

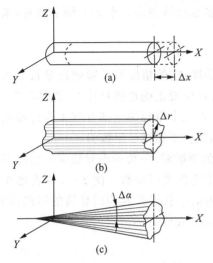

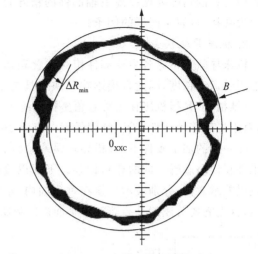

图 2 - 3　主轴回转轴线的误差运动　　　　图 2 - 4　主轴回转误差图形

实际上,主轴工作时其回转轴线的漂移运动总是上述三种漂移运动的合成,故不同横截面内轴心的误差运动轨迹既不相同,又不相似,其不但影响所加工工件圆柱面的形状精度,也影响端面的形状精度。测定主轴的回转精度时,我们可以用示波器的光点模拟主轴在测量平面内轴心的运动,并给予光点附加一个适当半径的圆周运动。这样,就可根据示波器显示的图形来评定主轴的回转精度。做出包容这个图形且半径差最小的两个同心圆,则半径差就是测量平面内的回转误差。

主轴回转轴线漂移的原因主要是:轴承的误差、轴承间隙、与轴承配合零件的误差、主轴系统的热变形等,除上述各项因素外,主轴转速对回转精度也有影响。实践表明:主轴在某个转速范围内,其回转精度最高,这是由于主轴部件质量不平衡、不同转速时的动力放大因子各异以及主轴回转轴线的稳定性随主轴转速增加而有所提高等原因的综合影响,因此主轴往往有某个最佳转速范围,超过这范围时,误差就较大。

（3）主轴回转误差的对策

① 提高主轴部件的制造精度

首先应提高轴承的回转精度,例如选用高精度的滚动轴承或采用高精度动压轴承或静压轴承。其次是提高箱体支承孔、主轴轴颈和与轴承相配合零件有关表面的加工精度。此外,还可在装配时先测出滚动轴承及主轴锥孔的径向跳动,然后调节径向跳动的方位,使误差相互抵消或补偿,以减少轴承误差对主轴回转精度的影响。

② 对滚动轴承进行预紧

对滚动轴承适当预紧以消除间隙,甚至产生微量过盈,由于轴承内、外圈和滚动体弹性变形的相互制约,对轴承内外圈滚道和滚动体的误差起着均化作用,同时又增加了轴承刚度,因而可提高主轴的回转精度。

③ 使主轴的回转误差不反映到工件上去

直接保证工件在加工过程中的回转精度而不依赖于机床主轴,是提高工件圆度的最简单而有效的方法。最典型的例子是外圆磨床上磨轴类零件,工件支承在两个固定顶尖上,主轴只起传动作用,工件回转精度完全取决于顶尖和中心孔的形状误差和同轴度误差,提高顶尖和中心孔的精度要比提高主轴部件的精度容易得多也经济得多。车床上加工轴时,采用双顶尖夹持,也属于同样的例子。

2. 机床导轨误差

机床导轨是机床各主要部件相对位置和运动的基准,它的精度直接影响在导轨上运动的溜板的运动精度,因此直接影响反映刀具与工件相对位置正确性的机床"三维精度"。所谓"三维精度"是指机床在三维直角坐标系中 X、Y、Z 三个坐标的全部有效工作行程范围内,对于机床移动部件来说,空间任意一点 $(x、y、z)$ 的误差不超过一定数值。

在一般的加工条件下,分析导轨误差对加工精度的影响时,主要考虑导轨误差引起刀具与工件在误差敏感方向的相对位移。下面以普通车床为例进行分析。图 2-5 为普通车床导轨误差示意图,分别表示导轨在垂直面内、水平面内的形状误差和前后导轨的扭曲误差,显然,首先需要关注的是导轨在水平面内的形状误差是否在允许的范围内。

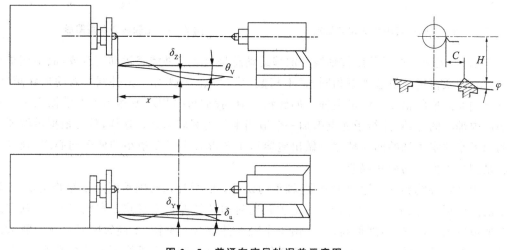

图 2-5　普通车床导轨误差示意图

3. 传动链误差

加工螺纹或用展成法加工齿轮时,必须保证工件与刀具之间有严格的运动关系,因此刀具与工件间必须采用内联传动链才能保证传动精度。所谓传动链误差就是指内联传动链始末两端传动元件间相对运动的误差,一般可用末端元件—转动中心的最大转角误差来衡量。

传动链误差主要是由内联传动链中各传动元件如齿轮、蜗轮蜗杆、丝杠螺母等的制造误差、装配误差、磨损等引起。

整个传动链的总转角误差是各传动元件所引起末端元件转角误差的叠加,但由于各传动元件的转角误差都是周期性的,有不同的周期和相位,很难进行精确计算,只能用测试手段实测整个传动链的总转角误差,然后进行谐波分析,把它展开为有限次的富氏级数,得出各次谐波分量的幅值,从而确定各传动元件对传动链误差的影响。如没有精确地测量传动链误差进行谐波分析的条件,可根据各传动元件的周节累积差和装配偏心,来估算其转角误差。

为有效减少传动链误差,一般应注意以下几点:

(1) 尽可能缩短传动链以减少传动元件数量。例如在普通车床加工较精密的螺纹时,可不经过进给箱的传动,将进给箱输入轴与丝杠用离合器连接,直接用挂轮传动丝杠。再如某型螺纹磨床的传动系统改造,在机床上用可换的丝杠与被加工工件在同一轴线上串联起来,丝杠螺距等于工件螺距,传动链最短,又符合"阿贝原则",可得到较高的传动精度。

(2) 合理规定各传动元件的制造精度和装配精度。根据转角误差传递规律,传动链中速度越低的传动元件,其制造精度和装配精度应越高。

(3) 合理规定传动链中各传动副的传动比,尽可能提高中间传动元件的转速,以减少中间传动元件误差对末端元件的影响,因此在降速传动链中,越接近末端的传动副,其降速比应越大。

(4) 采用校正装置。校正装置的实质是在原传动链中人为地加入一个误差,其大小与传动链原来的误差相等而方向相反,从而相互得到抵消。

2.2.2　刀具误差

工件表面的形成方法,一般有三种:成形刀具法、刀尖轨迹法和展成法。不同的加工方法,采用的刀具也不同,刀具误差对加工误差的影响,根据刀具的种类不同而异。

(1) 采用成形刀具加工时,刀具切削刃在切削基面上的投影就是加工表面的母线形状,因此刀刃的形状误差以及刃磨、安装、调整不正确,都直接影响加工表面的形状精度。

(2) 采用展成法加工时,刀具与工件要作具有严格运动关系的啮合运动,加工表面是刀刃在相对啮合运动中的包络线,刀刃的形状必须是加工表面的共轭曲线。因此,刀刃的形状误差以及刃磨、安装、调整不正确,同样都会影响加工表面的形状精度。

(3) 采用刀刃轨迹法加工时,加工表面是刀尖与工件相对运动轨迹的包络面。其所使用的刀具分为定径刀具或一般的单刃刀具。

使用定径刀具如钻头、铰刀、丝锥、板牙、拉刀等时,刀具的尺寸误差将直接影响加工表面的尺寸精度,一些多刃的孔加工刀具如安装不正确,几何偏心或两侧刀刃刀磨不对称,都会使加工表面尺寸扩大。

使用一般的单刃刀具如普通车刀、镗刀、刨刀、端铣刀等时,加工表面的形状主要由机床运动的精度来保证,加工表面的尺寸主要由调整决定,刀具的制造精度对加工精度无直接影响。但这类刀具的耐用度较低,在一次调整中就有显著的磨损。因此,在加工较大表面时,一次走刀需较长时间,刀具的尺寸磨损会严重影响工件的形状精度,用调整法加工一批工件时,刀具的尺寸磨损对这批工件的尺寸精度有很大的影响。

由于关注点的不同,对于刀具磨损有不同的量化描述,在金属切削原理的研究中,刀具磨损主要是指后刀面上的磨损带的宽度值 V_B,而在机械制造工艺中由于涉及加工精度,所称刀具的磨损是指刀具在加工表面的法线方向即误差敏感方向的磨损量 V_N,也称为刀具尺寸磨损 μ,它直接反映出刀具磨损对加工精度的影响,如图 2-6 所示。

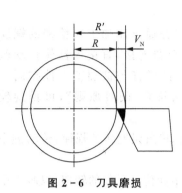

图 2-6　刀具磨损

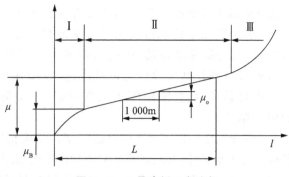

图 2-7　刀具磨损三个阶段

刀具尺寸磨损的过程如图 2-7 所示可分三个阶段:初期磨损、正常磨损和急剧磨损。在急剧磨损阶段刀具已不能正常工作,因此,在到达急剧磨损阶段前就必须重新刃磨。

一般以开始切削直到切削行程长度达 1 000m 的过程作为初期磨损阶段,这个阶段的特点是磨损很快,磨损量与切削行程长度之间是非线性的关系,在该阶段结束时对应的磨损量用初期磨损值 μ_B 表示。

在正常磨损阶段,尺寸磨损与切削行程近似地成正比,这个阶段的特点是磨损较慢,所对应的切削行程长度一般是 8 000~30 000m。由于刀具磨损量与切削行程长度近似呈线性关系,用单位磨损值 μ_o 表示,其含义是刀具在 1 000m 切削行程长度上的磨损量。

因此,刀具磨损量 μ 可分别按两类情况进行计算:

当切削行程长度 l 小于 1 000m,即刀具处于初期磨损阶段时,把非线性的磨损曲线近似地当作线性来处理,刀具磨损量 μ 为

$$\mu = \frac{l}{1\ 000}\mu_B$$

当切削行程长度 l 大于 1 000m,即刀具处于正常磨损阶段时,刀具磨损量 μ 为

$$\mu = \mu_B + \frac{l - 1\ 000}{1\ 000}\mu_o$$

式中　　μ——切削行程长度为 l 时的刀具尺寸磨损量(μm),

　　　　μ_B——初期磨损值(μm),

　　　　μ_o——单位磨损值(μm),即正常磨损阶段对应于 1 000m 切削行程的磨损量。

不同的刀具在精加工各种常用材料时的初期磨损值和单位磨损值可在有关手册中查询,由此可计算出刀具尺寸磨损量,以便在分析刀具磨损对加工精度的影响时作参考。

例:精车一根 45 钢的轴的外圆,直径 $D = 120mm$,车削部分的轴长度 $L = 2\ 000mm$,切削参数为:切削速度 $v = 100m/min$,进给量 $f = 0.2mm/r$,背吃刀量 $a_p = 0.5mm$,所用刀具材料为 YT15,查有关手册得知初期磨损值 $\mu_B = 6\mu m$,单位磨损值 $\mu_o = 8\mu m$,试分析刀具磨损对工件加工精度的影响。

解:

$$l = \frac{\pi D}{1\ 000} \times \frac{L}{f} = \frac{\pi \times 120}{1\ 000} \times \frac{2\ 000}{0.2} = 3\ 770m$$

可见切削行程长度 l 大于 1 000m,已经超出初期磨损阶段,进入正常磨损阶段,刀具总的磨损量包括了初期磨损值和在正常磨损阶段中发生的磨损量:

$$\mu = \mu_B + \frac{l-1\,000}{1\,000}\mu_o = 6 + \frac{3\,770-1\,000}{1\,000} \times 8 = 28\mu m$$

由于刀具尺寸磨损达到$28\mu m$,使得工件将产生在直径上相差$56\mu m$的锥度,对于精加工来说,这是必须要加以注意的。

2.2.3 夹具误差

夹具误差主要有:

(1) 由于定位元件、刀具导向装置、对刀装置、分度机构以及夹具体等零部件的制造误差,引起定位元件工作面之间、导向元件之间、定位工作面与对刀块或导向元件工作面之间、以及定位工作面与夹具在机床上的定位面之间等的尺寸误差和相互位置误差。

(2) 夹具在使用过程中,上述有关工作表面的磨损。

夹具误差将直接影响加工表面的位置精度或尺寸精度。例如各定位支承板或支承钉的等基准件误差将直接影响加工表面的位置精度,各钻模套间的尺寸误差和平行度(或垂直度)误差将直接影响所加工孔系的尺寸精度和位置精度;钻模导向套的形状误差也直接影响所加工孔的形状精度等。为了减少夹具误差对加工精度的影响,设计夹具时应严格控制上述有关表面的尺寸和形位公差。

2.3 工艺系统受力变形

机械加工中,工艺系统在切削力、夹紧力、传动力、重力、惯性力等外力作用下,会产生变形,破坏了刀刃与工件间已调整好的相互位置的正确性,从而产生加工误差。例如:用双顶尖装夹方式车削细长的轴(不用中心架)时,工件在切削力作用下弯曲变形,加工后会产生鼓形的圆柱度误差[图 2-8(a)]。又如在内圆磨床上用横向切入法磨孔时,由于内圆磨头主轴弯曲变形,磨出的孔会有带锥度的圆柱度误差[图 2-8(b)]。

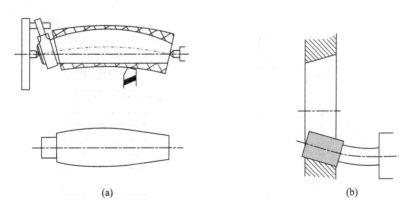

(a)	(b)

图 2-8 工艺系统受力变形产生的加工误差

弹性系统在载荷作用下产生的变形量大小,取决于载荷大小、载荷性质和弹性系统的刚度大小。使弹性系统产生单位变形所需的,沿变形方向的静载荷大小,称为该系统的静刚度。简言之,弹性系统的静刚度等于变形方向的外力与变形的比值,即

$$k = \frac{F}{y}$$

式中 k——静刚度(N/mm);

$\quad\quad y$——静变形量(mm);

$\quad\quad F$——沿变形方向的静载荷大小(N)。

弹性系统受交变载荷作用时,会发生振动,其变形(振幅)大小不仅与激振载荷大小(激振力幅值)有关,还与激振频率等有关。我们把某个激振频率下产生单位振幅所需的激振力幅值称为系统在该频率时的动刚度。

切削加工过程中的振动问题,大多是振幅很小的微幅振动。故动刚度主要影响工件的微观几何形状(即表面粗糙度)和波度。关于动刚度的问题,将在下一章加工表面质量中讨论。这里只研究工艺系统的静刚度及其对加工精度的影响,为简便起见,下面把静刚度简称为刚度。

2.3.1 工艺系统的刚度

在切削加工中,影响加工精度的是刀刃与工件在误差敏感方向的相对位移,故我们要研究的工艺系统弹性变形方向,应该是加工表面通过刀尖的法线方向,也就是径向切削力 F_y 作用的方向,沿变形方向的载荷就是 F_y。但是切削加工时的工艺系统变形,使工件和刀刃在 F_y 方向产生的相对位移 y_{xt} 却是 F_x、F_y、F_z 同时作用下的综合结果,因此工艺系统的刚度 k_{xt} 应该是:

$$k_{xt} = \frac{F_y}{y_{xt}}$$

由于 y_{xt} 是 F_x、F_y、F_z 同时作用下的综合结果,因此工艺系统的总变形 y_{xt} 有时会出现负值(y_{xt} 的方向与 F_y 相反)。如图 2-9 所示,由于 F_z 较大,使工艺系统的总变形方向与 F_y 相反,这时工艺系统具有负刚度。

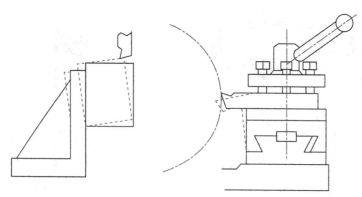

图 2-9 负刚度现象

工艺系统具有负刚度时会产生扎刀现象(即切削力使刀刃啃入工件),将引起振动等不良后果,应予以防止。

工艺系统是由机床、夹具、刀具及工件等组成的。一般都把夹具视为机床附加装置,其

变形与机床一起用实验方法测得,因此工艺系统的变形可用实验方法测得,即

$$y_{xt}=y_j+y_d+y_g$$

按工艺系统刚度的定义,相应有:

$$y_j=\frac{F_y}{k_j}, y_d=\frac{F_y}{k_d}, y_g=\frac{F_y}{k_g}$$

上述各式中下标含义为:xt——系统;j——机床;d——刀具;g——工件。

为方便起见,我们把刚度的倒数称为柔度,用 W 表示。因此有

$$W_{xt}=W_j+W_d+W_g$$

在以上各式中 y_{xt}、k_{xt}、W_{xt}——分别为工艺系统的变形、刚度和柔度;

y_j、k_j、W_j——分别为机床的变形、刚度和柔度;

y_d、k_d、W_d——分别为刀具的变形、刚度和柔度;

y_g、k_g、W_g——分别为工件的变形、刚度和柔度。

2.3.2 工艺系统受力变形对加工精度的影响

工艺系统受力变形对加工精度的影响,可归纳为下列几种:

1. 切削过程中受力点位置变化引起的工件形状误差

切削过程中,工艺系统的刚度会随着受力点位置变化而变化。下面以车床顶尖间加工光轴为例进行分析。设切削过程中切削力保持不变,且车刀的变形较小,可以忽略不计,因此

$$y_{xt}=y_j+y_g$$

机床的变形从图 2-10 中可得出,图中各参数的下标含义为:

ct——床头;wz——尾座;dj——刀架。

由于机床尾座部分结构相对比较单薄,刚性较差,所以变形特性是一条斜线。代入机床在床头、尾架两处的刚度值以及刀架刚度值,即可得出机床刚度的一般表达式,再代入径向切削力的具体数值,就能求出机床的变形。

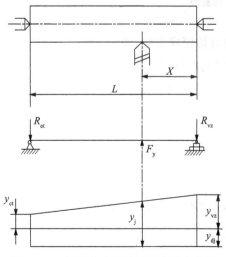

图 2-10 双顶尖车削轴时机床受力变形

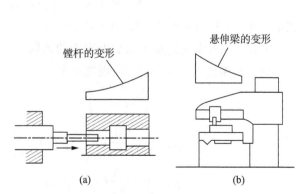

图 2-11 受力点位置变化造成的工艺系统变形

对于工件的变形,一般可按照材料力学或弹性力学的有关公式计算,例如在图 2-10 的情形中,工件可按简支梁计算。

不难看出,机床刚度较高而工件刚度较低时,加工出的工件将有鼓形圆柱度误差,而当机床刚度低而工件刚度较大时,加工出的工件将有鞍形的圆柱度误差。

工艺系统刚度随受力点位置变化而异的例子很多,例如立式车床、龙门刨床、龙门铣床等的横梁及刀架、大型镗铣床滑枕内的主轴等,其刚度均随刀架位置或滑枕伸出长度不同而异(参阅图 2-11),其分析方法基本上与上述例子一样,不同的是采用悬臂梁计算。

2. 毛坯误差的复映

用成型车刀切削或在镗床上工作台进给镗孔时,工艺系统刚度可近似地认为是一个常量。在车床上加工短轴,工艺系统刚度变化不大,也可近似地作为常量。这时如果毛坯形状误差较大,就会因加工余量不匀而引起切削力发生变化,从而受力变形也不一致,也会影响加工精度。

图 2-12 所示工件毛坯有椭圆形的圆度误差,车削时毛坯的长半径处有最大余量 a_{p1},短半径处是最小余量 a_{p2},由于工艺系统是一个弹性系统,在径向切削力的作用下将产生变形,使刀尖位置有一个回退量,设此回退量在毛坯的长半径处为 y_1,在短半径处为 y_2,则实际的切削深度分别为 $a_{p1}-y_1$ 和 $a_{p2}-y_2$,而在其他位置处的实际切削深度在这两个极值之间。

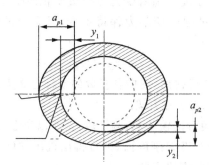

图 2-12　毛坯形状误差的复映

根据金属切削原理,在一定的切削条件下,切削力与切深成正比,即

$$F_{y1}=A(a_{p1}-y_1), F_{y2}=A(a_{p2}-y_2)$$

式中　A——径向切削力系数,$A=C_{fy}f^{0.75}$;

　　　C_{fy}——考虑进给量 f 的影响因素的系数。

设工艺系统刚度 k_{xt} 是常量,则变形量是

$$y_1=\frac{F_{y1}}{k_{xt}}, y_2=\frac{F_{y2}}{k_{xt}}$$

$$y_1-y_2=\frac{1}{k_{xt}}(F_{y1}-F_{y2})=\frac{A}{k_{xt}}[(a_{p1}-a_{p2})-(y_1-y_2)]$$

$$y_1-y_2=\frac{A}{k_{xt}}(a_{p1}-a_{p2})$$

上式中$(a_{p1}-a_{p2})$是毛坯的误差,用Δ_m表示,y_1-y_2是一次走刀后工件的误差,用Δ_g表示。故

$$\Delta_g=\frac{A}{k_{xt}+A}\times\Delta_m=\varepsilon\times\Delta_m$$

式中 ε——误差复映系数。

从上面分析可知,当毛坯有形状误差时,因切削余量变化而导致切削力变化,变化的切削力又会引起工艺系统产生与切削余量相对应的弹性变形,因此工件加工后必定仍有形状误差,由于工件误差与毛坯误差是相对应的,可以把工件误差看成是毛坯误差的"复映"。同时,还可进一步推知,毛坯的误差将复映到毛坯到成品的每一个机械加工工序中,但由于误差复映系数ε小于1,每次走刀后工件的误差将逐渐减少。这个规律就是毛坯误差的复映规律。

误差复映系数ε与径向切削力系数成正比,与工艺系统刚度成反比。要减少工件的复映误差(亦即减少ε),可增加工艺系统的刚度,或减少径向切削力系数(例如用主偏角K_r接近90°的车刀、减少进给量f等),减少毛坯误差(或工件在前道工序中的加工误差)也是减少复映误差的有效措施。

在切削加工的参数已经确定时,通过增加走刀次数就可大大减少工件的复映误差。设ε_1、ε_2、ε_3……分别为第一、第二、第三……次走刀时的误差复映系数,则有

$$\Delta_{g1}=\Delta_m\varepsilon_1$$
$$\Delta_{g2}=\Delta_{g1}\varepsilon_2=\Delta_m\varepsilon_1\varepsilon_2$$
$$\Delta_{g3}=\Delta_{g2}\varepsilon_2\varepsilon_3=\Delta_m\varepsilon_1\varepsilon_2\varepsilon_3$$
$$\cdots\cdots$$

例:车削锻钢轴的外圆,由于毛坯形状误差,使得切削深度在2 ± 0.5mm之间波动,已知工艺系统刚度为20 000N/mm,在给定的切削条件下的径向切削力系数为265N/mm,加工后要求达到在直径上度量的径向截面几何形状精度为0.008mm,需要几次走刀?

解:切削深度波动值即毛坯误差$\Delta_m=1$mm,半径上的几何形状精度即工件误差$\Delta_g=0.004$mm,误差复映系数为

$$\varepsilon=\frac{A}{k_{xt}+A}=\frac{265}{20\ 000+265}=0.013$$

$$\Delta_{g1}=\Delta_m\varepsilon=1\times0.013=0.013\text{mm}$$

第一次走刀未能达到加工精度要求;

$$\Delta_{g2}=\Delta_{g1}\varepsilon=0.013\times0.013=0.000\ 2\text{mm}$$

第二次走刀达到了加工精度要求,所以需要两次走刀。

3. 切削过程中受力方向变化引起的工件形状误差

在车床上以双顶尖夹持方式加工工件时,往往使用单拨销传动工件(图2-13),由于拨销上的传动力方向不断改变,它在y方向的分力大小的变化,就会使工艺系统的受力变形也随之变化而产生加工误差。

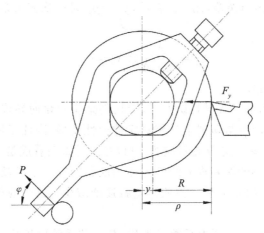

图 2 - 13　单拨销传动力的影响

设刀尖与工件回转轴线的调整距离 R，在拨销传动力作用的横截面内的受力变形量是 y，故刀尖与工件回转轴线间的实际距离 ρ 是：

$$\rho = R + y = R + \frac{F_y + P\cos\varphi}{k_{xt}} = \left(R + \frac{F_y}{k_{xt}}\right)\left(1 + \frac{P}{Rk_{xt} + F_y}\cos\varphi\right)$$

可见加工出的工件截形是心脏线形(上面的分析推导，忽略了误差不敏感方向的变形)。另外，注意到刀具离拨销传动力作用的横截面的距离越远，则传动力的影响越小，如工件长度为 L，则离后顶尖 x 处刀尖与工件回转轴线间的实际距离

$$\rho = R + y = R + \frac{F_y + P\dfrac{x}{L}\cos\varphi}{k_{xt}} = \left(R + \frac{F_y}{k_{xt}}\right)\left(1 + \frac{P}{Rk_{xt} + F_y} \cdot \frac{x}{L}\cos\varphi\right)$$

可见在后顶尖处($x = 0$)工件截形仍是圆形的。工件纵向的形状移如图 2 - 14 所示。

同样，车削有偏心质量的工件时(图 2 - 15)，由于切削过程中离心力 P 的方向不断改变，工件回转的过程中，其轴心线在误差敏感方向(即水平方向)上被推动着不断循环地趋近刀具又远离刀具，加工出的工件截形同样也呈心脏线形，至于纵向的形状误差，则视工件的装夹方式和偏心质量的位置而定。如工件用四爪卡盘或用花盘装夹，一般轴向尺寸较短，则可近似地认为各横截面内都是相同的心脏线形。

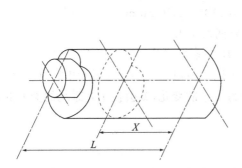

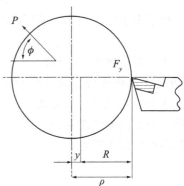

图 2 - 14　单拨销传动力对工件纵向形状误差的影响　　图 2 - 15　工件惯性离心力的影响

4. 工件的夹紧变形

设计夹具时,如夹紧力布置不当,会使工件各部分产生不均匀的夹紧变形。例如用三爪卡盘装夹薄壁圆筒镗孔,夹紧时毛坯有不均匀的弹性变形,尽管切削时镗成正圆孔,但松开后工件弹性恢复,使已镗好的孔变成了椭圆形[图 2 - 16(c)]。如果在工件与夹爪间加一开口的过渡环[图 2 - 16(d)],使夹紧力沿工件圆周上分布得比较均匀,就可大大减少孔的棱圆形圆度误差。

又如在电磁工作台上磨翘曲的薄片工件,当电磁工作台吸紧工件时,工件产生不均匀的弹性变形,加工后取下工件时,由于弹性恢复,已磨平的表面又变成翘曲。假使在电磁工作台与工件间垫入一薄层橡皮或纸片,就可减少吸紧工件时弹性变形的不均匀程度,从而磨出较平的表面。

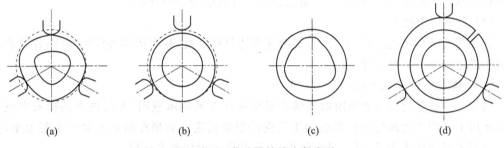

图 2 - 16 薄壁圆筒的夹紧变形

在实际生产中,有时也可利用夹紧变形来达到工件的加工要求。例如某些机床的工作台考虑其在运行时的热变形,应使其导轨加工成中凹,以保证运行的均匀接触。为此,可在装夹工件时,人为地使导轨中部产生适当微凸的夹紧变形,在加工完毕并松开工件后,由于工件的弹件恢复,就可得到所需的中凹量。

2.3.3 工艺系统受力变形的对策

1. 提高工艺系统刚度

为了提高工艺系统刚度,一般可有以下措施:

(1) 合理的结构设计

在设计工艺装备时,应尽量减少连接面数量,并注意刚度的匹配,防止有局部低刚度环节出现。在设计基础件、支承件时,应合理选择零件结构和截面形状。一般地说,截面积相等时空心截形比实心截形的刚度高,封闭的截形又比开口的截形好,在适当部位增添加强筋也有良好的效果。

(2) 提高连接表面的接触刚度

由于部件的接触刚度大大低于实体零件本身的刚度,所以提高接触刚度是提高工艺系统刚度的关键。特别是对在使用中的机床设备,提高其连接表面的接触刚度,往往是提高原机床刚度的最简便、有效的方法。

影响连接表面接触刚度的因素,除连接面材料的性质外,最主要的是连接面的表面粗糙度、接触情况和平面度误差。表面粗糙度越小,接触斑点数越多,则接触刚度就越高。连接表面的平面度误差,同样影响实际接触面积,平面度误差的增大,将使接触刚度明显地降低。有载荷时,在平面度误差相同情况下,表面粗糙度稍大时会使实际接触面积有所增加,这时适当降低表面粗糙度等级反而会提高接触刚度。

因此,要提高接触刚度,首先应减少连接面的表面粗糙度和平面度误差,当连接面采用铲刮加工时,则应增加其接触斑点数目。其次应在连接面间施加适当的预紧力。对于新使用或修理后试车时的机床,应在空运转一段时间后检查连接部分并一一紧固,开始重载切削后也应再次检查并紧固,这对提高接触刚度的作用很大。

（3）采用合理的装夹、加工方式

例如加工细长轴时,如改为反向走刀（从床头向尾座方向进给）,使工件从原来的轴向受压变为轴向受拉,也可提高工件的刚度。镗深孔时,镗杆的刚度很低,可采用拉镗形式来提高镗杆的刚度。此外,增加辅助支承也是提高工件刚度的常用方法。

（4）合理使用机床

例如尽量减少尾座套筒、刀杆、刀架滑枕等的悬伸长度,减少运动部件的间隙,锁紧在加工时不需运动的可动部件等。

2. 转移或补偿弹性变形

图 2-17 是龙门铣床上用附加梁转移横梁弹性变形的示意图,龙门铣上的横梁在铣头重量作用下会产生挠曲变形而影响加工表面的形状精度。如果在横梁上加一个附加梁,这时横梁不再承受铣头重量,只起导向作用,承重功能由附加梁来承担。

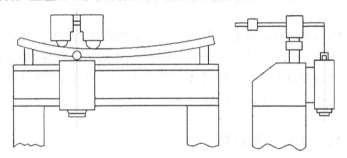

图 2-17 用附加梁转移横梁弹性变形

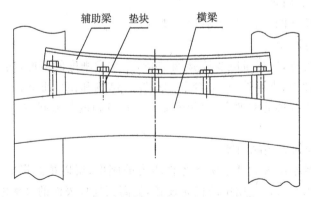

图 2-18 用辅助梁使横梁产生相反的预变形

另一种方法是使横梁先产生一个相反的预变形,以抵消铣头重量引起的挠曲变形。可在横梁上加一个辅助梁,两梁间垫入有一定高度差的一组垫块（图 2-18）,当两梁用螺栓紧固时,就能使横梁产生所需要的反变形,铣头工作时就相当于在平直的导轨上运动了。各垫块的高差应根据横梁和辅助梁的变形曲线来确定。

3. 采取适当的工艺措施

合理选择刀具几何参数(如增大前角,主偏角接近 90°等)和切削用量(适当减少进给量和切深)以减小切削力,特别是减小径向切削力,有利于减少受力变形。另外,将毛坯分组,使一次调整中加工的毛坯余量比较一致,就能减少复映误差。

2.4 工艺系统的热变形

2.4.1 基本概念

机械加工时,工艺系统在各种热源的影响下,常出现复杂的温度场,由此产生复杂的变形,破坏了工件与刀具相对位置和相对运动的正确性,就会产生加工误差。据统计,在精密加工中,由于热变形,出现的加工误差约占总加工误差的 40%~70%,为了消除或减少热变形的影响,往往需要进行机床的额外调整或预热,因而也影响生产效率。在现代高精度、自动化生产中,工艺系统热变形问题已越来越显得突出,已成为机械加工工艺进一步发展的一个重要研究课题。

工艺系统热变形的热源主要有:

1. 切削热

切削过程中,切削层的弹、塑性变形及刀具与工件、切屑间摩擦所消耗的能量,绝大部分(99.5%)转化为切削热。这些热量将传到工件、刀具、切屑和周围介质中去,成为工件和刀具热变形的主要热源。一般都把主切削运动所消耗的能量看作全部转化为切削热,忽略进给运动消耗的能量。

2. 传动系统的摩擦等能量损耗

主要是传动系统中各运动副如轴承、齿轮、摩擦离合器、溜板和导轨、丝杠和螺母等的摩擦转化的热量及动力源如电动机、液压系统等能量损耗转化的热量,这些热量是机床热变形的主要热源。

3. 派生热源

部分切削热由切削液、切屑带走,它们落到床身上再把热量传到床身,就形成派生热源。此外,传动系统的摩擦热还通过润滑油的循环,散布到机床有关部位,也是重要的派生热源。派生热源对机床热变形也有很大的影响。

4. 外部热源

外部热源主要是指周围环境温度通过空气的对流以及日光、照明灯具、加热器等环境热源通过辐射传到工艺系统的热量。外部热源的影响,有时也是不容忽视的。例如在加工大型工件时,往往要昼夜连续加工,甚至要连续几个昼夜才能加工完成,由于昼夜温度不同,引起工艺系统变形的不一致,从而影响了加工精度。再如照明灯具、加热器等对机床的辐射热往往是局部的,而日光对机床的辐射不仅是局部的,而且不同时间的辐射热量和照射位置也不同,就会引起机床各部分不同的温升而产生复杂的热变形,这在大型、精密零件的加工时尤其不能忽视。

为了对工艺系统的热变形进行分析,要引入温度场的概念。表示温度场的方法,有点温度表示法(图2-19)和等温线表示法(图2-20),前者通过热电偶逐点测试而得,后者是通过红外热像仪测试得到,也可通过有限元热分析结果而得到。

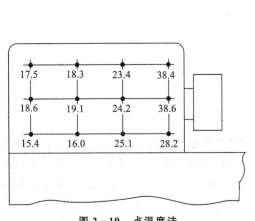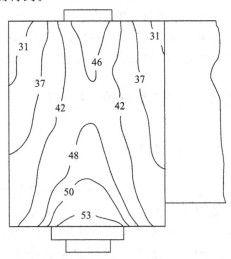

图2-19　点温度法	图2-20　等温线法

物体从热源导入热量,一方面向其低温处传递而使各部分温度随导热时间的增加而逐渐升高,同时又向周围介质散热。因此,物体各点的温度,不仅是距热源坐标位置的函数,而且也是时间的函数,物体上这种温度分布称为非稳态温度场。

当单位时间内输入物体的热量与向周围介质散发的热量相等时,物体上各点温度就将维持在各自的稳定值上,这时物体处于热平衡状态,其各点温度将不再随时间而变化,只是其坐标位置的函数,这种温度场则称为稳态温度场。

工艺系统在开始工作时其温度场处于不稳定状态,其精度很不稳定。经过一定时间后温度场才渐趋稳定,其精度也才较稳定。因此保持工艺系统的热平衡,缩短达到热平衡所需时间,研究其稳态温度场对加工精度的影响,对保证工件的加工精度和提高生产率,有着重要的意义。

理论上,可根据实际情况建立热传导方程,再结合具体的初始条件和边界条件,用解析法求出给定范围的温度场。但解析法往往只适合解一些较简单的微分方程(如稳态的一维、二维系统),对于变系数或非线性偏微分方程的求解,往往十分困难,甚至是不可能的,因此,一般都用实验测试的方法来进行温度场的研究。

近年来由于计算技术的不断发展和计算机的广泛应用,作为微分方程数值解的有限元法和有限差分法,在热变形的研究方面有了很大的发展,不但有专用的CAE软件进行热分析,各种大型CAD软件也都有热分析模块,这对精密机床的设计和精密加工工艺的研究,提供了强有力的工具。但不论是解析法还是数值解法,它们的导热方程、初始条件和边界条件都要建立在实验数据的基础上,其计算结果也要经过实验测试的校核,因此实验测试始终是不容忽视的。

2.4.2 工件热变形

工件热变形的热源主要是切削热。传入工件的切削热在一般车、铣、刨加工时约占总切削热的 10%～40%（随切削速度增加而减少），钻孔时往往在 50% 以上，磨削对约占 80% 以上。对于大型、精密零件，周围环境温度和局部受日光等外部热源的影响也不容忽视。

下面就几种常见的工件热变形及其对加工精度的影响作一些讨论。

1. 加工盘类和长度较短的销轴、套类零件

此时，切削热沿切削表面圆周较均匀地传入，故一般可近似地看作均匀受热。由于走刀行程不长，可忽视沿工件轴向位置上切削时间（即加热时间）有先后的影响而把工件看作为等温体。

由于工件在切削加工时受热膨胀，冷却后尺寸收缩，因此必须在工件完全冷却后才能测得零件的实际尺寸。若加工后立刻进行测量，必须考虑工件的热膨胀量。

为避免粗加工时的热变形对精加工的影响，应尽可能把粗精加工分开在两个工序中进行，使粗加工后有足够的冷却时间。

2. 磨削较薄的环形工件

由于工件较薄，磨削热较多，故工件温度升高，环形工件会向外扩张。在图 2-21 所示的夹紧方式下，夹压点处由于压板传热而散热条件好，该处温度相对较低，因此工件热变形不均匀，夹压点处向外扩张幅度相对较小，也就是说相对于磨头而言，该处退让的程度较小，实际被磨削的余量较大，工件加工完冷却后，往往出现棱圆形的圆度误差。

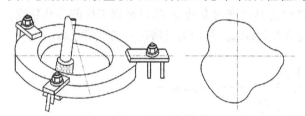 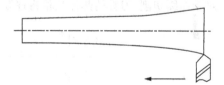

图 2-21 磨削薄圆环时热变形的影响   图 2-22 轴向车削长轴时热变形的影响

3. 轴向车削较长的工件

开始车削时工件温升为零，随着轴向车削的进行，工件逐渐受热胀大，到走刀终了时工件直径增量最大，因此车刀的实际切削深度随着轴向走刀而逐渐加大，工件冷却后就会出现近似锥度的圆柱度误差。

4. 铣、刨、磨平面

工件只在单面受到切削热作用，上下表面间的温差会导致工件拱起，中间就被多切去。工件单面受热引起的误差，对加工精度的影响是很严重的。通常采取的措施除切削时使用充分的切削液以减少切削表面的温升外，还可采用误差补偿的方法，在装夹工件时使工件上表面产生中间微凹的夹紧变形以补偿切削时工件单面受热而引起的误差。或在磨削前精刨时把加工表面刨成中间微凹，磨削时两端余量大，温升比中间高，减少了工件受热后中间的凸起，从而补偿了误差。

2.4.3　刀具热变形

刀具热变形的热源主要也是切削热。传给刀具的切削热虽然仅占总切削热量的很少部分(一般车、铣、刨加工时约占 4%,钻孔时约占 15%),但刀具质量小,热容量也小,故仍会有很高的温度,对加工精度亦有不小的影响。刀具受热后,其温升在全长上是不等的,但如只研究其对加工精度的影响,则可按刀具的工作部分(一般以刀具悬伸部分代替)的平均温升来估算其热伸长量。

1. 刀具连续工作时的热变形

对较大的表面进行切削加工时、车削较长的滚筒或在立式车床上车削大端面时,刀具连续工作时间较长。随着切削时间的增长,刀具逐渐受热伸长,就会造成工件有形状误差(圆柱度或平面度误差)。

刀具连续切削达热平衡后停止切削,其温升和热伸长量将随冷却时间的增加而减少。

2. 刀具间歇工作时的热变形

成批、大量生产中,多采用调整法加工。在一次调整中加工一批工件时,刀具每切削一个工件后,有一段冷却时间(装拆工件等非切削时间),故其热变形情况与连续工作时不同,在正常生产的情况下,特别是在自动、半自动机床上,刀具每加工一个工件的切削时间是相同的,停歇时间也基本上相等,所以刀具的加热和冷却是按一定的节拍周期性地交替进行。其热变形曲线如图 2-23 所示。当刀具切削时的热伸长量与刀具停止切削而冷却时的收缩量恰好相等时,其热变形就稳定在这个范围内,图中 Δ 是刀具的最大热伸长量,影响的是这批工件的尺寸精度,Δ_1 是热变形趋稳定后每加工一个工件时刀具长度的变动量,故只影响工件的形状精度。对于连续切削,刀具的热伸长量将逐渐趋近最大值 ΔL_{max},这时刀具将进入热平衡状态。

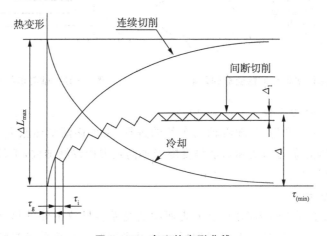

图 2-23　车刀热变形曲线

2.4.4　机床热变形

机床工作时受到多种热源的影响,主要来自传动系统中各传动元件的摩擦热、相对滑动速度较大的导轨与工作台(或滑枕)的摩擦热及液压系统动力损耗转化的热量,同时,切屑和切削液等派生热源对床身热变形也有一定影响。对于大型、精密机床,周围环境的温度变化对机床热变形的影响,往往也占有重要地位。由于机床各部分结构形状不同,热源及其位置又不同,散热条件也不一样,因而形成复杂的温度场和不规则的热变形,破坏了机床的静态精度,从而引起了相应的加工误差。

下面对几种常用机床的热变形进行简单的分析和描述。

1. 普通车床

其主要热源是床头箱内运动元件的摩擦热,引起箱体和油池温度升高,由丁前后箱壁温升不同,前箱壁温升高,使主轴回转轴线抬高并伴有倾斜,同时床头箱中油池的温升,通过箱底传到床身,使床身(与床头箱结合部分)的上下表面产生温差,导致床身弯曲而中凸,进一步增加了主轴的抬高和倾斜,参见图 2 - 24(a)。

2. 磨床

磨床的热源主要是砂轮架、头架和机床液压系统,磨削液则常常是一种派生的热源。一般外圆磨床砂轮架的热变形使砂轮中轴轴线向工件方向趋近,同时床身因上下温升不一致,其水平面内的热变形使工作台向外位移(其位移量一般小于砂轮架的位移),在垂直面内则使导轨弯曲。另外,工件夹持在两顶尖间时,由于头架和尾架的温升不同,就会使工件与砂轮产生轴线不平行度误差,参见图 2 - 24(b)。

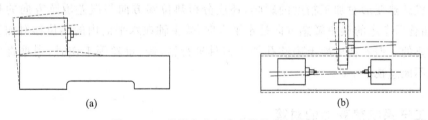

(a)   (b)

图 2 - 24 普通车床与磨床的热变形趋势

3. 升降台铣床

铣床床身热变形就热源也是主传动系统,同样也是由于左右箱壁的温升不一致而导致主轴抬高和倾斜。同时,其升降台内装有进给传动系统,这也是一个主要的热源,就导致升降台向外倾侧的热变形,使得主轴轴线与工作台台面的平行度误差进一步加大,如图 2 - 25(a)所示。

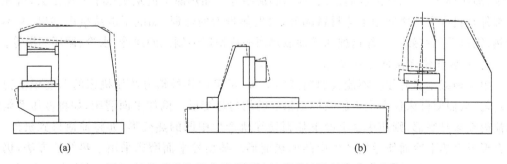

(a)   (b)

图 2 - 25 升降台铣床与龙门刨床、导轨磨床的热变形趋势

4. 龙门刨床、导轨磨床

这类机床的床身较长,如导轨面与底面间稍有温差,就会产生较大的弯曲变形。故床身热变形是影响加工精度的主要因素,参见图 2-25(b)。例加一台 12m 长 0.8m 高的导轨磨床床身,导轨面与底面温差 1℃时,其弯曲变形量可达 0.22mm。床身上下表面产生温差的原因,不仅是由于工作台运动时导轨面摩擦发热所引起的,环境温度的影响往往是更主要的原因。例如在夏天,地基温度一般低于室温,因此床身中凸;冬天则地基温度高于室温,使床身中凹。当机床局部受到阳光的照射,而且照射部位还随时间而变化,也会引起床身各部位不同的热变形。

分析机床热变形对加工精度的影响,首先应分析其温度场是否稳定,机床到达热平衡所需时间一般都较长(中型机床约为 4～6h,大型机床往往要超过 12h)。

在机床刚开始运转的一段时间内,热变形随运转时间的不同而变化,变形量也较大,因此加工精度很不稳定。特别是自动、半自动机床或用调整法加工时,既要求在一次调整中能稳定地获得预期的加工精度,而且还要尽可能延长两次调整间的切削时间,以提高生产率,这就必须充分考虑机床热变形的影响。当加工精度要求较高时,在工作过程中如停机时间太长,也会引起机床温升的波动而造成加工精度的不稳定,在加工较大的表面时,不仅因为机床各部位的温升不同,变形不一致,而且由于一次走刀需要较长时间,在开始走刀和走刀结束时,机床的温升和热变形也不一样,就会导致工件较大的形状误差。

分析机床热变形对加工精度的影响,还应分析热位移方向与误差敏感方向的相对角向位置,例如普通车床的误差敏感方向是水平方向,故主轴在水平面内的热位移对加工精度的影响是主要的。但若在尾架上安装孔加工刀具进行钻、铰、攻丝等工作时,则垂直面内的热位移也就不能忽视。

2.4.5　工艺系统热变形的对策

为了减小热变形对加工精度的影响,可从以下几个方面采取措施:

1. 减小热源的发热

为了减小机床的热变形,凡是有可能从主机分离出去的热源如电动机、变速箱、液压装置的油箱等,尽可能放置在机床外部,对于不能和主机分离的热源如主轴轴承、丝杠螺母副、高速运动的导轨副等,则可从结构、润滑等方面改善其摩擦特性,以减小发热,例如采用静压轴承、静压导轨,改用低黏度润滑油、锂基润滑脂等。如热源不能从机床中分离出去,可在发热部件与机床大件之间用绝热材料隔开,对发热量大的热源,如既不能从机内移出,又不便隔热,则可采用有效的冷却措施如增加散热面积或使用强制式的风冷、水冷、循环润滑等。

2. 用热补偿方法减小热变形

单纯地减小温升往往不能收到满意的效果,可采用热补偿方法使机床的温度场变得比较均匀,从而使机床仅产生不影响加工精度的均匀热变形。例如平面磨床,如将液压系统的油池放在床身底部,则使床身上冷下热而使导轨产生中凹的热变形,如将油池移到机外,则又会形成上热下冷而使导轨产生中凸的热变形。某型号平面磨床采用了热补偿方法,仍将油池放在床身底部,同时在导轨下配置油沟,将热油导入,使之循环,减少了床身上下部的温差,从而大大减小了床身导轨的弯曲变形(参阅图 2-26)。

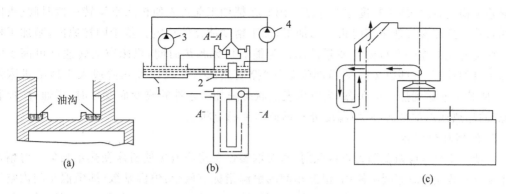

图 2-26 平面磨床的热补偿实例

1-油池；2-热补偿油沟；3,4-油泵

对机床的主要部件如主轴、滑枕等采用热补偿结构是常用的方法，其实质是使关键零部件在热变形的同时，产生一个相反方向的变形，例如某型号双端面磨床砂轮架主轴在前轴承和壳体间增加了一个过渡套筒，它与壳体仅在前端接触，当主轴因轴承发热而向前伸长时，套筒则带动主轴向后热伸长，自动补偿了主轴的向前伸长量，解决了砂轮主轴热伸长超差的问题（参阅图 2-27）。再如某型号自动换刀数控镗铣床的滚珠丝杠，在装配时采用预控法，丝杠在加工时故意将螺距加工得小一些，装配时再把螺距拉大到标准值。这样就利用预拉变形来补偿了丝杠的热伸长变形，取得了良好的效果。

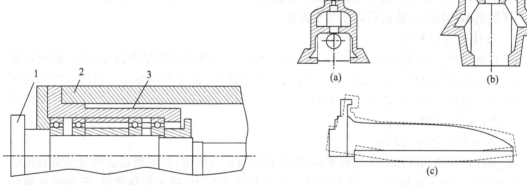

图 2-27 双端面磨床砂轮主轴的热补偿结构

1-主轴；2-壳体；3-过渡套筒

图 2-28 牛头刨床滑枕的热对称结构

3. 采用热对称结构

采用热对称结构能显著减少由于温升带来的挠曲变形。牛头刨床的热变形主要表现为滑枕的挠曲变形，这主要是由于滑枕与床身导轨的摩擦热而引起。这种挠曲变形会使所加工工件产生中凹，造成平直度误差。从结构设计的角度，当滑枕采用图 2-28(a)中的非热对称结构形式，将出现显著的挠曲变形，而当采用图 2-28(b)中的热对称结构形式，滑枕的挠曲变形就将大大减小。

4. 保持工艺系统的热平衡

由热变形规律可知，大的热变形发生在机床开动后的一段时间内，当达到热平衡后，热变形趋于稳定,此后加工精度才有保证。因此在精加工前可先使机床空运转一段时间(机床预热),等达到或接近热平衡时再开始加工,加工精度就比较稳定。基于同样原因,精加工机床应尽量避免中途停车以防止质量波动。为缩短机床预热时间,机床空运转速度可高于实际加工时的速度,有些机床在适当部位附加"控制热源",在机床预热阶段人为地给机床供热,促使其迅速达到热平衡状态,当机床发热状态随加工条件的改变而变化时,可通过"控制热源"的加热或冷却来调节,使温度分布迅速回到稳定状态。

5. 控制环境温度

对精加工机床应避免阳光直接照射,布置取暖设备也应避免使机床受热不均匀。对精密机床则应安装在恒温车间中使用,恒温车间的恒温指标有两个:恒温基数(即恒温车间内空气的平均温度)和恒温精度(即平均温度的允许偏差)。我国幅员辽阔,不同地区、不同季节的温度相差很大。由于恒温车间一般面积都较大,四周与大气直接相连,要使全国各地任一季节都维持同样的恒温基数,必然会大大增加恒温设备的投资及运转费用。根据长期生产实践表明,采用季节调温,使恒温基数按季节而适当变动,可收到良好的效果。上海地区的恒温基数一般可取:夏季为 23℃、冬季为 17℃、春秋季为 20℃。恒温精度一般级为 ±1℃,精密级为 ±0.5℃。

2.5　加工过程的其他原始误差

2.5.1　加工原理误差

加工原理误差是指采用了近似的加工方法进行加工而产生的加工误差。

所谓近似的加工方法包括以下几个方面。

1. 近似的刀刃形状

例如锥齿轮大小端基圆不等,齿形也不同,然而用模数铣刀铣制锥齿轮,加工的轮齿却是大小端齿形相同,故有加工原理误差(即使是大端齿形,铣刀刃形也是近似的),再如用阿基米德基本蜗杆滚刀代替渐开线基本蜗杆滚刀加工渐开线齿轮等,都是由于采用近似的刀刃形状而产生加工原理误差。

2. 近似的成型运动轨迹

例如在活塞椭圆磨床上磨削活塞裙部,是利用双偏心机构,其成型运动轨迹只是近似的椭圆,故产生了加工原理误差。再如此在公制丝杠的车床上,加工英制螺纹、车削模数蜗杆和切制斜齿轮时,由于导程都是无理数,不能化为分数,而齿轮的传动比只能是分数,因此所选用的挂轮的齿数比只能是近似传动比,其成型运动轨迹必然只能是近似导程的螺旋线,故都有加工原理误差。

必须指出,采用近似的加工方法,虽带来加工原理误差,但往往可简化加工工艺过程,简化机床或工艺装备结构,具有实际的技术经济意义,因此只要误差不超过规定的精度要求,在机械制造中仍得到广泛的应用。

2.5.2　调整误差

在机械加工的每一道工序中,总是要进行工艺系统的调整,调整误差的来源,视不同的加工方式而有不同。

1. 试切法加工

单件小批生产中普遍采用试切法加工。加工时先在工件上试切,根据测得的尺寸与要求尺寸的差值,用进给机构调整刀具与工件的相对位置,然后再进行试切、测量、调整,到符合规定的尺寸要求时,再正式切削出整个加工表面。显然,这时引起调整误差的因素有:

（1）测量误差

测量误差产生的原因主要有三个方面,首先是量具制造误差和测量方法本身的误差。尤其要注意的是,当所采用的量具结构不符合阿贝原则时所产生的测量误差（即阿贝误差）。所谓阿贝原则是指测量时工件上的被测量线应该与量具上作为基准尺的测量线位于同一直线上。显然,游标卡尺不符合阿贝原则,而千分尺符合阿贝原则。

由于现代制造系统中越来越广泛的应用数显、数控和误差反馈自动补偿技术,检测系统已越来越重要,因此在考虑机床的加工测量方案时,阿贝原则已受到高度的重视。

导致测量误差产生的另外两方面原因分别是环境条件的影响和操作人员主观因素的影响。环境条件主要是温度,包括环境温度、量具温度和工件温度。

（2）进给机构的位移误差

加工时刀具与工件最后的相对位置是根据进给机构的刻度示值来调整的。由于进给机构的传动误差和微量进给时的爬行现象,使进给机构产生了位移误差（刀具或工件的实际位移与刻度指示值之间的误差）。

进给机构的传动误差主要是进给机构中各传动元件的误差和传动副间的间隙引起的。在微量进给时,接触刚度的影响也很大。要减少传动误差,除提高各传动元件的精度外,消除间隙及施加一定的预载荷有显著的效果。

微量进给时的爬行现象必须引起足够的重视,下面对爬行现象进行一些分析。

爬行对进给的影响如图 2-29 所示,进给运动出现加速减速的波动,不是一个平稳过程,显然,这将直接影响到加工精度。

产生爬行的原因是由于进给溜板与导轨间摩擦系数在极低的滑移速度范围时将随滑移速度的增加而降低（图 2-30）,即所谓负摩擦特性。

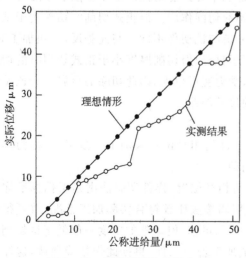

图 2-29　爬行对进给的影响

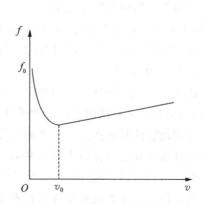

图 2-30　摩擦系数与滑移速度的关系

进给机构工作时,由于传动元件间有弹性变形,而溜板与导轨之间存在摩擦,故可抽象为主动件 1 通过弹簧推动溜板 2[图 2 - 31(a)],当主动件微量向右移动时,弹簧受压缩,但这时静摩擦阻力 G_{f0} 大于弹簧力 k_{x1},溜板仍静止[图 2 - 31(b)],当主动件继续前进到弹簧力 k_{x2} 稍大于静摩擦阻力 G_{f0} 时[图 2 - 31(c)],溜板开始右移,摩擦系数因滑移速度增加而降低,动摩擦阻力 G_f 不断减小,溜板就加速前进,这时溜板速度超越主动件而使弹簧压缩量减小,溜板速度逐渐减小而动摩擦阻力逐渐增大,溜板就又停止前进,如此反复就形成爬行。

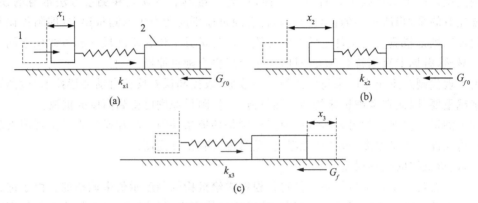

图 2 - 31　爬行机理

由于传动元件间的弹性变形难以避免,消除爬行的方法主要是围绕减少摩擦来进行,如提高滑移面的加工精度、减小表面粗糙度、改善润滑条件和提高进给传动系统的刚性。采用静压导轨、滚珠丝杠及在导轨面上粘贴聚四氟乙烯层等先进结构也是消除爬行现象的有效措施。此外,操作时常采用两种防止爬行的措施。一种是在微量进给时先将刀架后退一定距离,然后以较快的速度不停顿地把刀架送进到所需位置上。另一种是轻轻敲击手柄,使微量进给时产生振动,利用振动来消除静摩擦的影响。

（3）试切时与正式切削时切削层厚度不同的影响

精加工时,试切的最后一刀往往很薄,切削加工中刀刃能切掉的最小切削层厚度有一定的限度,切削厚度过小时,刀刃只起挤压作用而不起切削作用。但正式切削时切深大于试切部分,刀刃不打滑就会多切下一点,因此工件尺寸就与试切件不同。与此相反,在粗加工时,试切的最后一刀切削厚度还不会太小,刀刃不至于打滑,但切削厚度小于正式切削时的切削余量,受力变形相应也小,而正式切削时切深大,受力变形也大,因此切除的金属层会比试切时多次试切的总和要少一些,同样会引起工件的尺寸误差。

2. 调整法加工

在成批、大量生产中,可预先调整好刀具与工件的相对位置来加工一批工件,称为调整法加工,调整法又分试切调整法和样件调整法两种。

试切调整法是根据试切件来确定刀与工件的相对位置,样件调整法则是根据标准样件或对刀样板来确定刀具与工件的相对位置。试切调整法比较符合实际加工情况,故可得到较高的加工精度,但调整费时,样件调整法调整方便、迅速,但调整的精度一般低于试切调整法。实际使用时可先根据样件进行调整,然后试加工若干工件,再据此作精确微调,这样既缩短了调整时间,又可得到较高的加工精度。

采用调整法加工时的调整,也要以试切为依据,因此上述影响试切法调整精度的因素,同样也对调整法加工有影响,此外,调整误差的来源,还有下列几个方面。

(1) 定程机构的误差

在成批、大量生产中广泛使用行程挡块、靠模、凸轮等作为定程机构。这时,定程机构的制造误差和调整误差就成为调整误差的主要来源。

(2) 样件或样板的误差

采用样板调整法时是根据样件或样板来决定刀具与工件之间相对位置的,因此样件、样板的制造误差、安装误差和对刀误差就成为调整误差的主要因素。

(3) 夹具的安装调整误差

夹具在机床上的安装调整精度,直接影响到工件在机床上能否占有正确的位置。夹具在机床上定位时定位键与 T 形槽、定位孔与止口、钻夹具的导向套与心棒(或刀具)等的配合间隙是夹具安装调整误差的主要因素。

(4) 抽样平均尺寸的误差

由于切削过程中各种随机性误差的影响,一次调整中加工出的工件尺寸会在某一范围内变动。因此只根据首件加工测得的尺寸进行调整,会带来较大的误差。为减少这一误差,一般都以在一次调整中试加工的几个工件的平均尺寸作为进一步调整的依据,但试加工工件的件数(即抽样件数)不可能太多,因此不可能把整批工件切削过程中各种随机性误差完全反映出现,故抽样平均尺寸与总体平均尺寸不可能完全符合,这误差就是抽样平均尺寸的误差(详见加工误差的统计分析法)。

2.5.3 工件残余应力引起的误差

残余应力也称内应力,是指在没有外力作用下或去除外力后构件内仍存留的应力。具有残余应力的零件,其内部应力状态极不稳定,总是有强烈的倾向要恢复到无应力的稳定状态。即使在常温下,零件也会不断缓慢地进行这种变化,直到残余应力完全松弛为止。在这一过程中,由于内部应力状况的变化零件会发生翘曲变形,丧失其原有的加工精度。

假使零件的毛坯或半成品带有残余应力,在加工时被切除一层金属,原来的平衡条件受到了破坏,就会因残余应力的重新分布而发生变形,也因而得不到预期的加工精度,这在粗加工时表现得最为突出。

残余应力是由于金属内部相邻组织发生了不同的变化而产生的,主要原因有:

1. 工件各部分受热不匀或受热后冷却速度不同,产生了局部的热塑性变形

工件不均匀受热时,各部分温升不一致,高温部分的热膨胀受到低温部分的限制而产生温差应力(高温部分有温差压应力,低温部分是拉应力),温差越大则应力也越大。材料屈服限是随温度升高而降低的,当高温部分的应力超过屈服限,就会产生一定的塑性变形,这时低温部分仍处于弹性变形状态。冷却时由于高温部分已产生了压缩的塑性变形,受到低温部分的限制,冷却后高温部分产生残余拉应力,低温部分则带有残余压应力。

工件均匀受热后如各部分冷却速度不同,也会产生残余应力。例如图 2 - 32(a)所示铸件,浇铸后 A、C 部分壁薄,冷却速度快,B 部分壁厚,冷却速度较慢,因此 A、C 部分先进入低温弹性状态,这时 B 部分还处于高温塑性状态,故 A、C 部分的冷收缩不受阻碍。当 B 部分

进入低温弹性状态时,A与C部分已基本上冷却,故B部分的冷收缩受到已冷却的A、C部分的阻碍,结果B部分存在残余拉应力,A、C部分存在残余压应力,设这时将上面的水平框架部分切去,内应力就会重新分布,A、C部分因残余压应力的释放而微有伸长,B部分因残余拉应力释放而微有缩短。同理,该铸件上下的水平框架部分的中段内侧与B部分相连的区域内存在着水平方向的残余拉应力,中段外侧相应地存在残余压应力,当上部的水平框架部分被切除后,下面框架部分因为其中段内侧残余拉应力被一定程度地释放而收缩,而外侧因为残余压应力的释放而伸长,就会产生两端弯向上的弯曲变形如图2-32(b)所示。

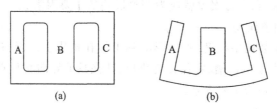

(a)   (b)

图2-32 铸件中残余应力引起的变形

2. 工件冷态受力较大,产生局部的塑性变形

以弯曲的工件进行冷校直为例来说明。要校直工件,必须使工件产生反向的弯曲,并使工件产生一定的塑性变形。当工件外层应力超过屈服限时,其内层应力还未超过弹性限。去除外力后,由于下部外层已产生拉伸的塑性变形,上部外层产生压缩的塑性变形,故里层的弹性恢复受到阻碍,结果上部外层产生残余拉应力,上部里层产生残余压应力,下部外层产生残余压应力,下部里层产生残余拉应力。冷校直后虽然弯曲减小了,但内部残余应力又可能导致新的弯曲。

3. 金相组织转化不均匀

不同金相组织的密度不同,例如马氏体的密度小于屈氏体、奥氏体等。淬火时,奥氏体转变为马氏体,体积膨胀,这时如金相组织转化不匀,则转变为马氏体部分的体积膨胀受阻,就会产生残余压应力,未转变部分则带有残余拉应力。反之,回火时马氏体转变屈氏体,如金相组织转化不匀,则转变为屈氏体部分的体积收缩受限,就会产生残余拉应力,未转变部分则产生残余压应力。

以上各原因在机械制造的许多工艺过程中都有可能发生,例如锻造过程加热、冷却不匀或塑性变形不匀,会使毛坯带有残余应力,焊接时工件局部受高温,也会产生残余应力,加工时表面层发生强烈的局部的塑性变形,同时还由于切削热的作用,表层温度变化也不一致,都会产生残余应力,磨削加工时磨削热往往会使工件局部达到相变温度,故还可能引起金相组织转化不匀而产生的残余应力。

因此在机械加工过程中,往往是毛坯进入机加工车间时已带有残余应力,机加工过程中,一方面切除表面一层金属使残余应力重新分布,原有的残余应力逐步松弛而减少,另一方面又会产生新的残余应力。

由于加工总是从粗到精,切削力、切削变形、切削热等是随着加工的精细而相对地减小的,只要加工过程中工艺参数合理,不进行冷校直和淬火,总的说来,残余应力总是在从粗加工到精加工的过程中逐步减少。

要减少残余应力,一般可采取下列措施。

1. 增加消除内应力的专门工序

例如对铸、锻、焊接件进行退火或回火。零件淬火后进行回火,对精度要求高的零件如床身、丝杠、箱体、精密主轴等在粗加工后进行时效处理,一些要求极高的零件如精密丝杠、标准齿轮、精密床身等则要在每次切削加工后都进行时效处理,常用的时效处理方法有:

(1) 高温时效。将工件以 3～4h 的时间均匀地加热到 500～600℃,保温 4～8h 后,以每小时 20～50℃ 的冷却速度随炉冷却到 100～200℃ 取出,在空气中自然冷却。高温时效一般适用于毛坯或粗加工后。

(2) 低温时效。将工件均匀加热到 200～300℃ 后,保温 3～6h 后取出在空气中自然冷却,低温时效一般适用于半精加工后。

(3) 热冲击时效。将加热炉预热到 500～600℃,保持恒温,然后将铸件放入炉内,当铸件的薄壁部分温度升到 400℃ 左右,厚壁部分因热容量大而温度只升到 150～200℃(由放入炉内的时间来控制),及时地将铸件取出在空气中冷却。由于温差引起的应力场和铸造时产生的残余应力场叠加而抵消,从而达到消除残余应力的目的,热冲击时效耗时少(一般只需几分钟),适用于具有中等应力的铸件。

(4) 振动时效。用激振器或振动台使工件以约 50Hz 的频率进行振动来消除残余应力。如以工件的固有频率激振则效率更高,由于振动时效方便简单,没有氧化,因此一般适用于最后精加工前的时效工序。

2. 合理安排工艺过程

粗、精加工分开在不同工序中进行,使粗加工后有一定时间让残余应力重新分布,以减少对精加工的影响。在加工大型工件时,粗、精加工往往在一个工序中完成,这时应在粗加工后松开工件,让工件有自由变形的可能,然后再用较小的夹紧力夹紧工件后进行精加工。

3. 改善零件结构

简化零件结构、提高零件刚性,使壁厚均匀、焊缝分布均匀等均可减少残余应力的产生。

2.6 加工误差的统计分析法

实际生产中,影响加工精度的因素往往是错综复杂的,由于多种原始误差同时作用,有的可以相互补偿或抵消,有的则相互叠加,不少原始误差的出现又带有一定的偶然性,往往还有很多考察不清或认识不到的误差因素,因此很难用前述的单因素分析法来分析计算某道工序的加工误差。这时只能通过对生产现场中实际加工出的一批工件进行检查测量,运用数理统计的方法加以处理和分析,从中找出误差的规律,找出解决加工精度问题的途径并控制工艺过程的正常进行,这就是加工误差的统计分析法。

2.6.1 系统性误差和随机性误差

在看来相同的加工条件下依次加工出来的一批工件,其实际尺寸总不可能完全一致。

例如某厂在无心磨床上半精磨轴承外圈的外圆时,顺次测量 100 个工件,其实际尺寸的尾数如表 2-2 所示。假使将这 100 个工件按实际尺寸的大小进行分组,则如表 2-3 所示。

表 2 - 2　轴承外圈的外圆直径测量值

工作序号	1～10	11～20	21～30	31～40	41～50	51～60	61～70	71～80	81～90	91～100
工件直径尾数 /μm	16	16.5	13.5	17.5	19	16	15.5	17.5	13	17
	15.5	18	18	19.5	20.5	19	15	12	13.5	13.5
	15.5	18	15	15	16.5	19	15	15	15.5	15
	12.5	18	14	16	12.5	15.5	16	13.5	15	14
	15.5	21	15	15.5	16.5	14.5	15.5	14	12.5	17.5
	16.5	19	11.5	19.5	17.5	13	16.5	15	15.5	11.5
	14	19	14.5	19	16.5	18	15.5	15.5	14	13.5
	17.5	18	14.5	18	18	15	15	16	16	12.5
	19	17.5	17	18	15.5	15.5	14	13.5	15.5	15
	19	14.5	16	17.5	15.5	13.5	19	15	15	17.5

表 2 - 3　尺寸分组及频数分布

组界/μm		组的中值 x_{zj}/μm	频数/n_j	频率	频率密度
从	到				
10.75	12.25	11.5	3	3%	0.02
12.25	13.75	13.0	13	13%	0.087
13.75	15.25	14.5	24	24%	0.16
15.25	16.75	16.0	28	28%	0.187
16.75	18.25	17.5	19	19%	0.127
18.25	19.75	19.0	11	11%	0.073
19.75	21.25	20.5	2	2%	0.013
组距	1.5μm	总计	100	100%	

　　从表中可看出,这批工件的尺寸波动范围是 9.5μm(最大为 21μm,最小为 11.5μm),中间尺寸的工件较多,与中间尺寸相差越大的工件则越少,而且两边大致对称。

　　假使另外再测量一批工件,其结果仍与上述情况非常接近。成批、大量生产中的大量事实表明:在稳定的加工条件下依次加工出来的一批工件,都具有这种波动性和规律性。要弄清引起这种波动性和规律性的原因,需进一步考察各种原始误差所引起加工误差的出现规律。根据加工一批工件时误差的出现规律,加工误差可分为:

1. 系统性误差

　　在依次加工一批工件时,加工误差的大小和方向基本上保持不变或误差随着加工时间按一定的规律变化的,都称为系统性误差。前者称常值系统性误差,后者称变值系统性误差。

　　加工原理误差以及机床、刀具、夹具的制造误差、机床的受力变形等引起的加工误差均与加工时间无关,其大小和方向在一次调整中也基本不变,故都属于常值系统性误差。机床、夹具、量具等磨损引起的加工误差,在一次调整的加工中也均无明显的差异,故也属于常值系统性误差。

机床、刀具未达热平衡时的热变形过程中所引起的加工误差,是随加工时间而有规律地变化的,故属于变值系统性误差。多工位机床回转工作台的分度误差和它的夹具安装误差引起的加工误差,将随着加工顺序而周期性地变化,故也属于变值系统性误差。

至于刀具磨损引起的加工误差,则要根据它在一次调整中的磨损量大小来判别。砂轮、车刀、端铣刀、单刃镗刀等均应作为变值系统性误差处理。钻头、铰刀、齿轮加工刀具等由于磨损所引起的加工误差在一次调整中很不显著,故均可作为常值系统性误差处理。

2. 随机性误差

在依次加工一批工件时,误差出现的大小或方向做不规则变化的称为随机性误差。如复映误差、工件的定位误差、工件残余应力引起变形产生的加工误差、定程机构重复定位误差引起的加工误差等都属于随机性误差。随机性误差虽然是不规则地变化的,但只要统计的数量足够多,仍可找出一定的统计规律。随机性误差有下列特点:

(1) 在一定的加工条件下,随机性误差的数值总是在一定范围内波动;

(2) 绝对值相等的正误差和负误差出现的概率相等;

(3) 误差绝对值越小,出现的概率越大,误差绝对值越大则出现的概率越小。

应该指出:在不同的场合下,误差的表现性质也有不同。

例如对一次调整中加工出来的工件来说,调整误差是常值,但在拟订工艺过程,分析某一工序所能达到的加工精度时,调整误差却不是确定的常值,这时只能按随机性误差来处理。在大量生产中,加工一批工件往往需要经多次调整,每次调整时发生的调整误差就不可能是常值,变化也无一定的规则,因此对于经多次调整所加工出来的大批工件,调整误差所引起的加工误差又成为随机性误差了。

再如达到热平衡后的热变形所引起的加工误差,一般可看作是常值系统性误差,但由于热平衡系统是建立在单位时间内输入热量是常量、散热条件不变等条件下的,实际上输入的热量往往有波动,散热条件也有变化,因此即使到达热平衡,也仍有微小的波动,当加工精度要求很高时,这种微小的波动就不能忽略,其影响也带有随机性。

通过上面对误差性质的分析可知:常值系统性误差不会引起加工尺寸的波动,变值系统性误差是随时间按一定的规律变化的,例如砂轮磨损引起的外圆加工尺寸变化应该是逐渐增大。因此,造成加工尺寸忽大忽小地波动主要是存在随机性误差的缘故。

2.6.2　分布图分析法

1. 实际分布图——直方图

某一工序中加工出来的一批工件,由于存在各种误差,会引起加工尺寸的变化,即所谓尺寸分散,同一尺寸的工件数目称为频数,频数与这批工件总数之比称为频率,如果以工件的尺寸(或误差)为横坐标,频数(或频率)为纵坐标,就可作出该工序工件加工尺寸(或误差)的实际分布图,分布图能直观地反映出该工序加工尺寸(或误差)的分布情况,并可据以分析该工序的加工精度情况。

在实际应用中,由于观测的一批工件(称为样本)数量总是有限的,限于量具的计量分辩能力,测得的尺寸不可能是连续的。为了避免受局部随机因素的影响,必须先把工件按适当的、相等的尺寸间隔进行分组,并以各组尺寸间隔的中值代替组内各工件的实际尺寸,然后以工件尺寸(或误差)为横坐标,频数(或频率)为纵坐标,画成直方图形式,作为该批工件的实际分布图。例如根据表 2-2 的观测数据,经分组(表 2-3)后就可画出直方图,如图 2-33中实线所示。

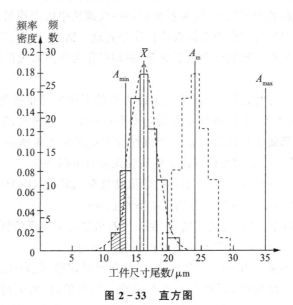

图 2-33　直方图

在以频数为纵坐标作直方图时,如样本含量(工件总数)不同,组距不同,则作出的图形高低就不一样。为了使分布图能代表该工序的加工精度,不受组距和样本容量的影响,可改用频率密度为纵坐标,各个参量的相互关系如下:

频率密度=频率/组距=频数/(样本容量×组距)

频率=频率密度×组距=直方图上矩形的面积

由于所有各组频率之和等于 100,故直方图上全部矩形面积之和应等于 1。

为了进一步分析该工序的加工精度情况,可在直方图上标上该工件的加工公差带位置(图中 A_{max},A_{min}),并计算出该样本的统计数字特征:平均值 $\bar{x}$ 和标准偏差 S。

样本的平均值 $\bar{x}$ 表示该样本的尺寸分散中心,它主要决定于调整尺寸和常值系统性误差。

$$\bar{x} = \frac{1}{n}\sum_{i=1}^{n} x_i$$

式中　n——样本含量,

　　　x_i——各工件的尺寸。

样本的标准偏差 S 反映了该批工件的尺寸分散程度,它是由变值系统性误差和随机性误差决定的,误差大,S 也大,误差小,S 也小。

$$S = \sqrt{\frac{1}{n}\sum_{i=1}^{n}(x_i-\bar{x})^2} = \sqrt{\frac{1}{n}\left(\sum_{i=1}^{n} x_i^2 - n\bar{x}^2\right)}$$

当样本按一定的尺寸间隔分组统计时:

$$\bar{x} = \frac{1}{n} \sum_{j=1}^{k} x_{zj} n_j$$

式中 x_{zj}——第 j 组的中值，

      n_j——第 j 组的频数，

      k——分组数。

直方图的作法和步骤如下：

(1) 收集数据：

按一定的抽样方法(例如在一次调整的加工中连续地抽样，或每隔一定时间抽取一个或若干个产品，或在混合的产品中随意从各处抽取等等，抽样方法应根据不同的要求确定)，抽取一个样本，样本容量一般应不少于 $50 \sim 100$ 件。逐个测量其尺寸或误差(为简化计算，可以只记录其尾数)，并找出其中最大值 $x_{\max}$ 和最小值 $x_{\min}$。

(2) 确定组距和各组组界：

组距 $h = \dfrac{x_{\max} - x_{\min}}{k-1}$，算出后按测量时量具最小分辨值的整倍数进行圆整。式中 k 是由样本容量决定的分组数，一般样本容量 n 为 $50 \sim 100$ 时，分组数 k 为 $6 \sim 8$，当 n 为 $100 \sim 250$ 时，k 为 $7 \sim 12$，各组组界为

$$x_{\min} + (j-1)h \pm \frac{h}{2}, \ (j = 1, \ 2, \ 3, \ \cdots, \ n)$$

各组的中值就是 $x_{\min} + (j-1)h$

为避免观测数据落在组界上，组界最好选在观测数据最后一位尾数的 1/2 处；

(3) 统计频数分布并填频数分布表；

(4) 根据频数分布表画直方图；

(5) 根据加工精度要求，在直方图上作出极限尺寸 $A_{\max}$ 和 $A_{\min}$ 的标志线，并计算 $\bar{x}$ 和 S。

例：根据表 2-2 的观测数据作直方图。

从表 2-2 的观测数据可知，尺寸尾数最大为 $21\mu m$，最小为 $11.5\mu m$，根据表 2-4，$n = 100$ 时可选 $k = 7$，由此算出 $h = 1.6\mu m$，圆整为 $h = 1.5\mu m$。再算出各组组界、各组的中值，并统计得各组频数、频率和频率密度，填入频数分布表，如表 2-5 所示。按表列数据就可画出直方图，如图 2-33 所示。最后按前述方法计算出 $\bar{x}$ 和 S。

表 2-4   样本容量与分组数

样本容量 n	$50 \sim 100$	$100 \sim 250$	$250 \sim 500$	$500 \sim 1000$
分组数 k	$6 \sim 8$	$7 \sim 12$	$12 \sim 20$	$20 \sim 30$

表 2-5   频数分布

组界/μm		组的中值 /μm	频数统计	频 数	频 率	频 率 密 度
从	到					
10.75	11.5	11.5	下	3	0.03	0.02
12.25	13.0	13.0	正正下	13	0.13	0.087
13.75	14.5	14.5	正正正正正	24	0.24	0.16

续表

| 组界/μm | | 组的中值 | 频数统计 | 频 数 | 频 率 | 频 率 |
从	到	/μm				密 度
15.25	16.0	16.0	正正正正正下	28	0.28	0.187
16.75	17.5	17.5	正正正正	19	0.19	0.127
18.25	19.0	19.0	正正一	11	0.11	0.073
19.75	20.5	20.5	丁	2	0.02	0.013

根据直方图可初步分析如下：

(1)有部分废品(图中带阴影部分)；

(2) 该批工件的尺寸分散范围(9.5μm)小于公差值(22μm)，说明本工序的加工精度能满足加工要求，产生部分废品的原因是由于调整误差太大，只要重新调整机床使分散中心 $\bar{x}$ 与公差带中心 A_M 重合(图 2-33 中虚线所示)就能使整批工件尺寸全部落入公差带内。

要进一步分析研究该工序的加工精度问题，还必须找出频率密度与加工尺寸间的关系，因此必须进一步研究理论分布曲线。

2. 理论分布曲线

(1) 正态分布曲线

大量的试验、统计和理论分析表明：当一批工件总数极多，加工中的误差是由许多相互独立的随机因素引起，而且这些误差因素中又都没有任何优势的倾向时，那么其分布是服从正态分布的。这时的分布曲线称为正态分布曲线(即高斯曲线)。正态分布曲线的形状如图 2-34 所示。

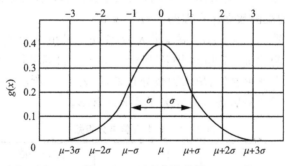

图 2-34　正态分布曲线

其概率密度的函数表达式是

$$g(x) = \frac{1}{\sigma\sqrt{2\pi}} e^{-\frac{1}{2}\left(\frac{x-\mu}{\sigma}\right)^2}$$

式中　$g(x)$——分布的概率密度。概率是频率的稳定值，故这里的概率密度就相当于直方图上的频率密度。

　　　　μ——总体的平均值(分散中心)，

$$\mu = \sum_{i=1}^{\infty} x_i p_i$$

σ——总体的标准偏差，

$$\sigma = \sqrt{\sum_{i=1}^{\infty} (x_i - \mu)^2 p_i}$$

p_i——x_i的概率。

平均值$\mu=0$、标准偏差$\sigma=1$的正态分布称为标准正态分布。任何不同μ和σ的正态分布曲线都可以通过令$z=|x-\mu|/\sigma$进行变换而变成标准正态分布曲线：

$$g(z) = \sigma g(x) = \frac{1}{\sqrt{2\pi}} e^{-\frac{z^2}{2}}$$

$g(z)$称为标准正态分布曲线的概率密度，为使用方便，已将常用值计算列表供直接查用，其值见表2-6。

表2-6　标准正态分布曲线的概率密度

$|z|$	$g(z)$	$|z|$	$g(z)$	$|z|$	$g|z|$
0	0.398 9	1.5	0.129 5	3.00	0.004 4
0.25	0.386 7	1.75	0.086 3	3.25	0.002 0
0.50	0.352 1	2.00	0.054 0	3.50	0.000 9
0.75	0.301 1	2.25	0.031 7	3.75	0.000 4
1.00	0.242 0	2.50	0.017 5	4.00	0.000 1
1.25	0.182 6	2.75	0.009 1		

正态分布曲线呈扣钟形，以平均值μ为对称中线。如果改变参数μ（σ保持不变），则曲线沿x轴平移而不改变其形状[图2-35(a)]。μ的变化主要是常值系统性误差引起的。如果μ值保持不变，则当σ值减小时曲线形状陡峭，σ值增大时曲线形状平坦[图2-35(b)]。σ是由随机性误差决定的，随机性误差越大则σ也越大。

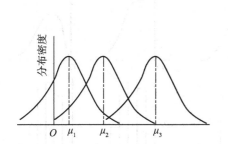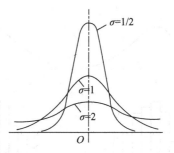

图2-35　μ、σ对正态分布的影响

正态分布曲线在$x=\pm\sigma$处的两点是拐点，这两点之间的曲线向上凸，这两点以外的曲线则下凹。曲线$x=\mu\pm3\sigma$处，$g(\mu\pm3\sigma)=0.004\ 4/\sigma \approx g(\mu)/90$，故一般取$\pm3\sigma$作为正态分布的尺寸分散范围。

（2）非正态分布

工件的实际分布，有时并不近似于正态分布，一些典型的情形如图 2-36 所示。

如果将两次调整下加工的工件混在一起，由于每次调整时常值系统性误差是不同的，如常值系统性误差之差值大于 2σ 时就会得到图 2-36(a)中所示的双峰曲线。假使把两台机床加工的工件混在一起，不仅调整时常值系统性误差不等，机床的精度也不同（随机性误差的影响也不同），那么曲线的两个峰高也不一样。

如果加工中刀具或砂轮的尺寸磨损比较显著（尺寸磨损大于随机性误差时），就会形成图 2-36(b)中所示的平顶分布。

当工艺系统存在显著的热变形时，分布曲线往往不对称（例如刀具热变形严重），加工轴时偏向左、加工孔时则偏向右。用试切法加工时，操作者主观上存在着宁可返修也不能报废的倾向性，就往往也会出现图 2-30(c)所示的不对称分布（加工轴时宁大勿小，故偏向右，加工孔时宁小勿大，故偏向左）。

工件的对称度、锥度、直线与平面间的平行度或平面间的垂直度等误差是没有负值的，尽管它仍服从正态分布，由于其实际负值部分叠加到了正值部分，就会出现图 2-36(d)中所示的正值分布（也称差数模分布）。还有跳动量、椭圆度、直线与平面间的垂直度等误差也是没有负值的，但实际上各种随机误差的影响是矢量叠加，就会出现图 2-36(e)中所示的正值分布（这种分布称瑞利分布）。

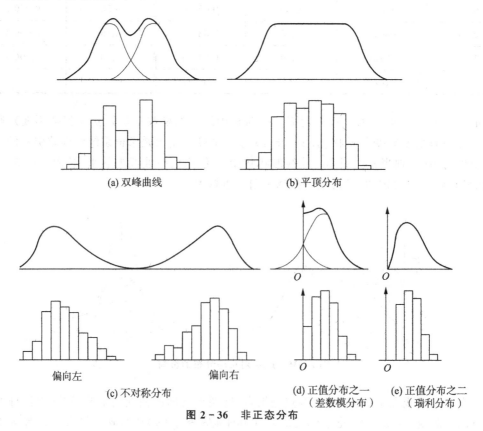

图 2-36　非正态分布

3. 分布图分析法的应用

(1) 判别加工误差的性质

如前所述,假使加工过程中没有变值系统性误差,那么其尺寸分布应服从正态分布,这是判别加工误差性质的基本方法,如果实际分布与正态分布基本相符,说明加工过程中没有变值系统性误差(或影响很小),这时就可进一步根据 $\bar{x}$ 是否与公差带中心 A_M 重合来判断是否存在常值系统性误差(与公差带中心 A_M 不重合就说明存在常值系统性误差)。

如实际分布与正态分布有较大出入,可根据直方图初步判断变值系统性误差是什么类型(参阅图 2-33),至于常值系统性误差,则可根据尺寸分散范围与公差带位置的关系进行判别,为了检查加工误差是否服从正态分布,可以在直方图上配制一根正态分布曲线以进行对照,如图 2-33 中的双点画线所示。

(2) 判断该工序的工艺能力能否满足加工精度要求

所谓工艺能力是指处于控制状态的加工工艺所能加工出产品质量的实际能力,由于加工时误差超出分散范围的概率极小,可以认为不会发生,因此可以用该工序的尺寸分散范围来表示其工艺能力。因为大多数加工工艺的分布都接近于正态分布,正态分布的尺寸分散范围是 6σ,故一般都取工艺能力为 6σ。

判断工艺能力是否满足加工精度要求,只要把工件规定的加工公差 T 与工艺能力 6σ 作比较。T 与 6σ 的比值称为工艺能力系数 C_P。

$$C_P = \frac{T}{6\sigma}$$

如果 $C_P \geqslant 1$,可以认为该工序具有不出不合格品的必要条件。如果 $C_P < 1$,那么产生不合格品是不可避免的。根据工艺能力系数 C_P 的大小,可将工艺能力分为 5 级,如表 2-7 所示。

表 2-7　工艺等级

工艺能力系数值	工艺等级	说　　明
$C_P > 1.67$	特级工艺	工艺能力很高,可以允许有异常波动或做相应考虑
$1.67 > C_P > 1.33$	一级工艺	工艺能力足够,可以有一定的异常波动
$1.33 > C_P > 1.00$	二级工艺	工艺能力勉强,必须密切注意
$1.00 > C_P > 0.67$	三级工艺	工艺能力不足,可能产生少量不合格品
$0.67 \geqslant C_P$	四级工艺	工艺能力很差,必须加以改进

$C_P > 1$,只说明该工序工艺能力足够,加工中是否会出不合格品,还要看调整得是否正确。如有常值系统性误差,μ 就与公差带中心位置 A_M 不重合,那么只有当 $C_P > 1$,且满足关系式:$T - 2|\mu - A_M| \geqslant 6\sigma$ 时才不会出不合格品。例如图 2-37 中,μ 与 A_M 均不重合,在图示的情况下,都会出不合格品,这时应重新调整,设法消除常值系统性误差,也就是说,可使 μ 与 A_M 接近趋于重合来防止出不合格品。

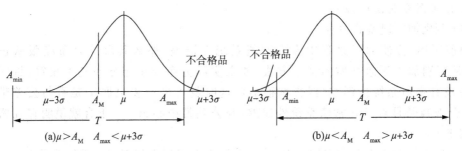

图 2-37　μ 与 A_M 不重合导致出现不合格品

如 $C_P < 1$，那么不论怎样调整，不合格品总是不可避免的。说明采用这一加工工艺是无法保证加工精度的，因此必须找出产生误差的原因予以解决，在未解决前又必须继续生产时，也可用常值系统性误差来调节，一般可采取下列方法之一：

（a）使 μ 与 A_M 重合，这样可使不合格率最少。

（b）使 μ 偏向一边（外圆加工时 $\mu > A_M$，孔加工时 $\mu < A_M$），并使 $T - 2|\mu - A_M| = 6\sigma$，这样的调整可不出不可修复的废品，所有的不合格品均是可修复的。但由于这种调整方法将使返修率增加很多，一般较少采用。

（3）估计不合格品率

根据概率曲线的定义可知，尺寸在 $x_1 \sim x_2$ 范围内的工件概率，数值上就等于在尺寸 $x_1 \sim x_2$ 区间内分布曲线与横坐标间所包含的面积（图 2-38）。

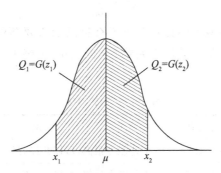

图 2-38　利用正态分布曲线计算概率

当尺寸分布符合正态分布时有

$$P\{x_1 < \xi < x_2\} = Q_1 + Q_2 = \int_{x_1}^{x_2} \frac{1}{\sigma\sqrt{2\pi}} e^{-\frac{1}{2}\left(\frac{x-\mu}{\sigma}\right)^2} dx$$

为便于计算，可令 $z = \dfrac{|x - \mu|}{\sigma}$ 进行变换，并取积分区间 $0 \sim z$，则有

$$
\begin{aligned}
P\{z_1 < \xi < z_2\} &= P\{z_1 < \xi < 0\} + P\{0 < \xi < z_2\} \\
&= \int_0^{z_1} \frac{1}{\sqrt{2\pi}} e^{-\frac{z^2}{2}} dz + \int_0^{z_2} \frac{1}{\sqrt{2\pi}} e^{-\frac{z^2}{2}} dz \\
&= G(z_1) + G(z_2)
\end{aligned}
$$

表 2 - 8　正态分布曲线下的面积函数

z	$G(z)$	z	$G(z)$	z	$G(z)$	z	$G(z)$	z	$G(z)$
0.00	0.000 0	0.24	0.094 8	0.48	0.184 4	0.94	0.326 4	2.10	0.482 1
0.01	0.004 0	0.25	0.098 7	0.49	0.187 9	0.96	0.331 5	2.20	0.486 1
0.02	0.008 0	0.26	0.102 3	0.50	0.191 5	0.98	0.336 5	2.30	0.489 3
0.03	0.012 0	0.27	0.106 4	0.52	0.198 5	1.00	0.341 3	2.40	0.491 3
0.04	0.016 0	0.28	0.110 3	0.54	0.205 4	1.05	0.353 1	2.50	0.493 8
0.05	0.019 9	0.29	0.114 1	0.56	0.212 3	1.10	0.364 3	2.60	0.495 3
0.06	0.023 9	0.30	0.117 9	0.58	0.219 0	1.15	0.374 9	2.70	0.496 5
0.07	0.027 9	0.31	0.121 7	0.60	0.225 7	1.20	0.384 9	2.80	0.497 4
0.08	0.031 9	0.32	0.125 5	0.62	0.232 4	1.25	0.394 4	2.90	0.498 1
0.09	0.035 9	0.33	0.129 3	0.64	0.238 9	1.30	0.403 2	3.00	0.498 65
0.10	0.039 8	0.34	0.133 1	0.66	0.245 4	1.35	0.411 5	3.20	0.499 31
0.11	0.043 8	0.35	0.136 8	0.68	0.251 7	1.40	0.419 2	3.40	0.499 66
0.12	0.047 8	0.36	0.140 6	0.70	0.258 0	1.45	0.426 5	3.60	0.499 841
0.13	0.051 7	0.37	0.144 3	0.72	0.264 2	1.50	0.433 2	3.80	0.499 928
0.14	0.055 7	0.38	0.148 0	0.74	0.270 3	1.55	0.439 4	4.00	0.499 968
0.15	0.059 6	0.39	0.151 7	0.76	0.276 4	1.60	0.445 2	4.50	0.499 997
0.16	0.063 6	0.40	0.155 4	0.78	0.282 3	1.65	0.449 5	5.00	0.499 999 97
0.17	0.067 5	0.41	0.159 1	0.80	0.288 1	1.70	0.455 4		
0.18	0.071 4	0.42	0.162 8	0.82	0.293 9	1.75	0.459 9		
0.19	0.075 3	0.43	0.664	0.84	0.299 5	1.80	0.464 1		
0.20	0.079 3	0.44	0.170 0	0.86	0.305 1	1.85	0.467 8		
0.21	0.083 2	0.45	0.173 6	0.88	0.310 6	1.90	0.471 3		
0.22	0.087 1	0.46	0.177 2	0.90	0.315 9	1.95	0.474 4		
0.23	0.091 0	0.47	0.180 8	0.92	0.321 2	2.00	0.477 2		

$G(z)$ 在数值上就等于某一区间内概率曲线与 x 坐标轴之间所围的面积,所以被称为面积函数。各个不同 z 值的 $G(z)$ 值可直接查表 2 - 8。

从表 2 - 8 中可看出,当 $z = \dfrac{|x - \mu|}{\sigma} = 3$ 时,$G(z) = 0.498\ 65$,这就是说,尺寸在 $\mu \pm 3\sigma$ 以内的工件概率达到 0.997 3,因为在区间 $(-\infty, +\infty)$ 中概率曲线与 x 坐标轴之间所围的面积为 1,所以尺寸在 $\mu \pm 3\sigma$ 以外的工件概率仅 0.27 %,根据概率理论"小概率事件实际上不可能发生"的原理,故一般都将 6σ 作为其尺寸分散范围。

如加工中尺寸分散范围超出了规定的极限尺寸,就出现不合格品,只要算出超过极限尺寸部分的工件概率,就是不合格率。

例: 在磨床上加工销轴,要求外径 $d = 12^{-0.016}_{-0.043}$,抽样后得知其尺寸分布符合正态分布,且 $\mu = 11.974\text{mm}$,$\sigma = 0.005\text{mm}$,试分析该工序的加工质量。

解: 该工序尺寸分布如图 2-39 所示。

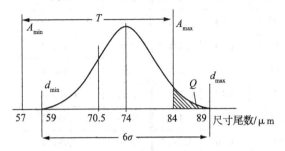

图 2-39 磨销轴工序尺寸分布

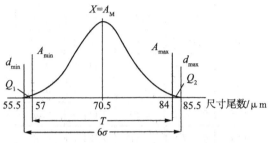

图 2-40 调整后的工序尺寸分布

$$C_P = \frac{T}{6\sigma} = \frac{0.002\ 7}{6 \times 0.005} = 0.9$$

工艺能力系数 C_P 小于 1,说明该工序工艺能力不足,因此产生废品是不可避免的。

工件最小尺寸 $d_{min} = \mu - 3\sigma = 11.959\text{mm} > A_{min} = 11.957\text{mm}$,故不会产生不可修复的废品。

工件最大尺寸 $d_{max} = \mu + 3\sigma = 11.989\text{mm} > A_{max} = 11.984\text{mm}$,故会产生可修复的不合格品。

总的不合格品率 $Q = 0.5 - G(z)$

根据已给条件可知

$$z = \frac{|x - \mu|}{\sigma} = \frac{|11.984 - 11.974|}{0.005} = 2$$

查表 2-8 可得

$$G(2) = 0.477\ 2$$
$$Q = 0.5 - G(z) = 0.022\ 8 = 2.28\%$$

如重新调整机床使分散中心 μ 与公差带中心 A_M 重合(见图 2-40),这时

$$d_{min} < A_{min}, d_{max} > A_{max}$$

两边都会出现尺寸超出公差带的情况,因为 μ 与 A_M 重合,故两边超差的部分相等。这种条件下,可知

$$z = \frac{|x - \mu|}{\sigma} = \frac{|11.984 - 11.970\ 5|}{0.005} = 2.7$$

查表 2-8 可得

$$G(2.7) = 0.496\ 5$$
$$Q_1 = Q_2 = 0.5 - G(2.7) = 0.003\ 5 = 0.35\%$$

总的不合格率为 0.7%,其中可修复的不合格品和不可修复的废品各为 0.35%。

例: 镗削内孔,直径尺寸的公差为 0.1mm,已知该工序的不能修复的废品率为 8.5%,设工序尺寸符合正态分布,已知 $\sigma = 0.025\text{mm}$,求产品的合格率和本道工序的工艺能力系数。

　　解：加工内孔出现不能修复的废品，说明该部分尺寸已经位于公差带的右面，根据题意画出尺寸分布与公差带的关系图如图 2-41 所示。

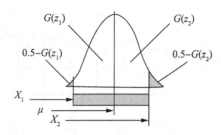

图 2-41　尺寸分布与公差带的关系

由已知条件可知：

$$0.5-G(z_2)=0.085 \quad G(z_2)=0.415 \quad 查表可知 \ z_2=1.37$$

$$X_2-\mu=\sigma z_2=0.025\times1.37=0.034\ 3$$

$$\mu-X_1=0.1-0.034\ 3=0.065\ 7$$

$$z_1=\frac{\mu-X_1}{\sigma}=2.63 \quad 查表可知 \ G(z_1)=0.496$$

本工序合格品率为：$G(z_1)+G(z_2)=0.496+0.415=0.911=91.1\%$

工艺能力系数：$C_P=\dfrac{0.1}{6\times0.025}=0.667$

4. 分布图分析法的缺点

用分布图分析加工误差有下列主要缺点：

（1）加工中随机性误差和系统性误差同时存在，由于分析时没有考虑工件加工的先后顺序，故不能反映出误差的变化趋势，因此也很难把随机性误差与变值系统性误差清楚地区分开来。

（2）由于必须等一批工件加工完毕后才能得出分布情况（直方图、平均值、标准偏差和分散范围等），因此不能在加工过程中及时提供控制精度的资料。

2.6.3　点图分析法

点图是在分布图分析法基础上发展起来的，它基本上可弥补前述分布图分析法的缺点。

1. 点图的形式

（1）个值点图

如果按加工顺序逐个地测量一批工件的尺寸，以工件序号为横坐标，工件尺寸（或误差）为纵坐标就可作出点图，如图 2-42(a) 所示。为了缩短点图的长度，可将顺序加工出的 m 个工件编为一组，以工件组序为横坐标，仍以工件尺寸（或误差）为纵坐标，同一组内各工件可根据尺寸分别点在同一组号的垂直线上，就可得到图 2-42(b) 所示的点图。

点图能较清楚地揭示出加工过程中误差的性质及其变化趋势。平均值曲线 OO' 表示每一瞬时的分散中心，其变化情况反映了变值系统性误差随时间变化的规律。其起始点可看出常值系统性误差的影响。上下限曲线 $A\,A'$ 和 $B\,B'$ 间的宽度表示每一瞬时的尺寸分散范围，也就是反映了随机性误差的大小。

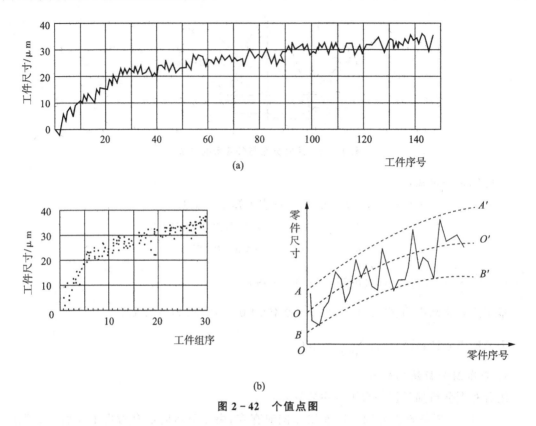

(a)

(b)

图 2 - 42　个值点图

(2) $\overline{X}$—R 点图

为了能直接反映出加工中系统性误差和随机性误差随加工时间的变化趋势，生产实际中常用样组点图来代替个值点图，样组点图中使用最广泛的是 $\overline{X}$—R 点图。以顺序加工的 m 个工件为一组，那么每一样组的平均值和极差是：

$$\overline{X} = \frac{1}{m}\sum_{i=1}^{m} x_i$$

$$R = x_{\max} - x_{\min}$$

式中，$x_{\max}$ 和 $x_{\min}$ 分别为同一样组中工件的最大尺寸和最小尺寸。

如果以样组序号为横坐标，分别以 $\overline{X}$ 和 R 为纵坐标，就可以分别作出 $\overline{X}$ 点图和 R 点图如图 2 - 43 所示。

由于 $\overline{X}$ 在一定程度上代表了瞬时的分散中心，故 $\overline{X}$ 点图主要反映系统性误差及其变化趋势。R 在一定程度上代表了瞬时的尺寸分散范围，故 R 点图可反映出随机性误差及其变化趋势。单独的 $\overline{X}$ 点图或 R 点图不能全面地反映加工误差的情况，两者必须结合起来应用。

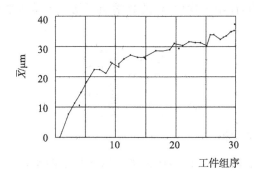

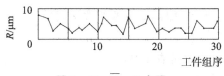

图 2-43 $\overline{X}$—R 点图

2. 点图分析法的应用

点图分析法是用以控制产品加工质量的主要方法之一,在实际生产中应用很广。它主要用于工艺验证、分析加工误差和加工过程的质量控制。

下面着重介绍 $\overline{X}$—R 点图的应用。

(1) 工艺验证

工艺验证的目的是判定现行工艺或准备投产的新工艺能否稳定地满足产品的加工质量要求。工艺验证的主要内容是通过抽样检查,确定其工艺能力和工艺能力系数,并判别工艺过程是否稳定。关于直方图、点图的作法,工艺能力和工艺能力系数的确定方法前面都已介绍过,这里主要讨论怎样判别工艺过程是否稳定的问题。

任何一批工件的加工尺寸都有波动性,因此各样组的平均值 $\overline{X}$ 和极差 R 也都有波动性。

假设加工误差主要是随机性误差,系统性误差的影响很小,且与以往正常生产中所掌握的误差大体相符,那么这种波动属于正常波动,同时可以认为这一加工工艺是稳定的。

假使加工中存在着影响较大的系统性误差,或随机性误差的大小有明显的变化时,那么这种波动就属于异常波动,这个加工工艺就被认为是不稳定的。

要判别加工过程的尺寸波动是否属于正常,需要分析 $\overline{X}$ 和 R 的分布规律。从概率论知道:当总体是正态分布时,其样本均值 $\overline{\overline{X}}$ 的分布也服从正态分布。因此,$\overline{X}$ 的分散范围是 $\pm 3\sigma_{\overline{X}}$(这里的 $\sigma_{\overline{X}}$ 是 $\overline{X}$ 分布的标准偏差)。

R 的分布虽不是正态分布,但当样本容量 $m < 10$ 时,其分布与正态分布也是比较接近的,因而 R 的分散范围也可取为 $\pm 3\sigma_R$(σ_R 是 R 分布的标准偏差)。

$\sigma_{\overline{X}}$ 和 σ_R 分别与总体标准偏差 σ 间有如下的关系:

$$\sigma_{\overline{X}} = \frac{\sigma}{\sqrt{m}}$$

$$\sigma_R = d\sigma$$

式中,d 的数值与样组容量 m 有关,见表 2-10。

根据数理统计的证明:样组平均值 $\overline{X}$ 的数学期望就等于总体平均数 μ,样组极差的数学期望等于 $c\sigma$,因此有

$$\hat{\mu} = \overline{\overline{X}};\overline{\overline{X}} = \frac{1}{k}\sum_{j=1}^{k}\overline{X}_i$$

$$\hat{\sigma} = \frac{\overline{R}}{c};\overline{R} = \frac{1}{k}\sum_{j=1}^{k}R_j$$

式中　$\overline{X}_j$——各样组的平均值;

　　　$\overline{\overline{X}}$——样组平均值的平均值,即样组平均值的数学期望;

　　　R_j——各样组的极差;

　　　$\overline{R}$——样组极差的平均值,即样组极差的数学期望;

　　　K——抽样的组数;

　　　$\hat{\mu}$、$\hat{\sigma}$——分别表示 μ、σ 的无偏估计值,

　　　c——系数,其值见表 2-10。

由此可得:

$$\sigma_{\overline{x}} = \frac{\sigma}{\sqrt{m}} = \frac{\overline{R}}{c\sqrt{m}}$$

$$\sigma_R = d\sigma = \frac{d\overline{R}}{c}$$

如前所述,正常波动时,$\overline{X}$ 的波动范围应不超出 $\overline{\overline{X}} \pm 3\sigma_x$,同时 R 的波动范围应不超出 $\overline{R} \pm 3\sigma_R$。故 $\overline{X}$—R 点图上的控制界限分别是:

$\overline{X}$ 的上控制线位置:$\overline{X}_s = \overline{\overline{X}} + 3\sigma_X = \overline{\overline{X}} + A R$

$\overline{X}$ 的下控制线位置:$\overline{X}_x = \overline{\overline{X}} - 3\sigma_X = \overline{\overline{X}} - A R$

R 的上控制线位置:$R_s = \overline{R} + 3\sigma_R = D_1\overline{R}$

R 的下控制线位置:$R_x = \overline{R} - 3\sigma_R = D_2\overline{R}$(当 $D_2 < 0$ 时,R 的下控制线就不存在)

$\overline{X}$ 的平均线位置和 R 的平均线位置计算分别就是前述的样组平均值的数学期望值和样组极差的数学期望值。

上面各式中系数 A、D_1、D_2 值均见表 2-9。

表 2-9　系数

m	2	3	4	5	6	7	8	9	10
c	1.128	1.693	2.059	2.326	2.534	2.704	2.847	2.970	3.078
d	0.852 5	0.888 4	0.879 8	0.864 1	0.848 0	0.833 0	0.820 0	0.808	0.797
A	1.880 6	1.023 1	0.728 5	0.576 8	0.483 3	0.419 3	0.372 6	0.336 7	0.308 2
D_1	3.268 1	2.574 2	2.281 9	2.114 5	2.003 9	1.924 2	1.864 1	1.816 2	1.776 8
D_2	0	0	0	0	0	0.075 8	0.135 9	0.183 8	0.223 2

在点图上作出平均线和控制线后,就可根据图中点的情况来判别工艺过程是否稳定(波动状态是否属于正常),判别的标志见表2-10。

必须指出:工艺过程出现异常波动,是指总体分布的数字特征μ、σ发生了变化,这种变化可能有好有坏,例如发现点子密集在平均线上下附近,说明分散范围变小了。这是好事,但也应查明原因,使之巩固,以提高工艺能力(即减小σ值)。再如刀具磨损是机械加工过程中发生的正常现象,但刀具磨损会使工件平均尺寸的误差逐渐增加,必须适时地加以调整,故不能认为工艺是稳定的。

表2-10　正常波动与异常波动的判定标志

正　常　波　动	异　常　波　动
(1) 没有点子超出控制线; (2) 大部分点子在平均线上下波动,小部分在控制线附近; (3) 点子没有明显的规律性	(1) 有点子超出控制线; (2) 点子基本上密集在平均线上下附近; (3) 点子基本上密集在控制线附近; (4) 连续7点以上出现在平均线一侧; (5) 连续11点中有10点出现在平均线一侧; (6) 连续14点中有12点以上出现在平均线一侧; (7) 连续17点中有14点以上出现在平均线一侧; (8) 连续20点中有16点以上出现在平均线一侧; (9) 点子有上升或下降倾向; (10) 点子有周期性波动

(2) 统计质量控制

在相同的加工条件下,对同批工件进行加工时,加工误差的出现,总是遵循一定的规律。由于点图可提供该工序中误差的性质和变化情况等工艺资料,因此在成批、大量生产中就可在加工过程中定时地从连续加工的工件中抽取若干个工件(一个样组),作出点图,据以观察加工过程的进行情况,判断工艺过程是否处于控制状态,以便及时检查、调整,达到预防产生废品的目的。

产品是否合格,与工艺过程是否稳定并不是一回事。工艺过程是否稳定,只取决该工序所采用的工艺过程本身的误差情况,而产品是否合格则还要根据工件规定的质量要求(公差及其极限尺寸等)而定。

对于稳定的工艺过程,不出废品的条件是:

$$T \geqslant 6\sigma + 2|\mu - A_M|$$

如果根据工艺验证,某工序的工艺过程是稳定的,且其工艺能力系数C_P值也足够大,那么只要在加工过程中不出现异常波动(即μ和σ都没有明显的变化),我们就有充分的把握判定它不会产生废品。因此,该工序在工艺验证后如未重新调整,再继续加工时,就可用工艺验证时所规定的控制线作出质量控制图,然后从连续加工的工件中定时地抽检样组,将其X、R值点在控制图上,观察其是否有异常波动出现,判别原则仍按表2-11所示,假使控制图上不出现异常波动,说明工艺过程仍处于控制之中,不会产生废品,可以继续加工。否则就应停机检查,找出原因予以解决。

如果工艺系统经重新调整,由于存在调整误差,μ会有变化,必须根据调整后加工出的样组所测得数据,将控制线作相应的改变。

机械加工中,很多工序的工艺过程是不稳定的。例如加工过程中刀具磨损、机床和刀具在未达热平衡时的热变形等的影响较大,在没有自动补偿装置时,都会有较大的变值系统性误差而导致工艺过程的不稳定。这时,加工中各瞬间的尺寸分散中心 μ 将随加工时间的增加而逐步增大或减小。如果工件在该工序的公差值较大,同时工艺系统调整得好,仍能在一定的加工时间内不产生废品。因此,质量控制图上的控制线必须根据该工序的公差带来决定,具体做法可参照有关的质量控制手册。

2.7　提高加工精度的措施

1. 减小原始误差

采取措施直接消除或减小原始误差,理所当然地能提高加工精度,通常采取的措施是从加工方式和工装结构等方面着手,消除产生原始误差的根源。

2. 补偿原始误差

误差补偿法是人为地造成一种新的误差去抵消原有的原始误差,或利用原有的一种误差去补偿另一种误差,从而达到减少加工误差的目的。通过主轴轴承选配以提高主轴回转精度、利用辅助梁使龙门铣床横梁产生相反的预变形以抵消铣头自重引起的挠曲变形、用夹紧变形来补偿平面加工时的热变形等,都是应用误差补偿法的具体实例。

又如磨床床身导轨是个狭长的构件,刚度较差,生产中发现床身导轨精加工后精度指标本来是符合要求,但装上横进给机构和操纵箱后,由于这些部件自重的影响,使导轨变形而产生了误差。假使在精磨导轨时预先装上横进给机构和操纵箱等部件,或用相当的配重代替这些部件,使床身在变形状态下进行精加工。这时对单个床身而言,加工后是有一定的误差,但由于加工条件与装配、使用时的条件一致,人为的加工误差抵消了导轨的弹性变形.就保证了机床导轨的精度。

3. 转移原始误差

误差转移法是把对加工精度影响较大的原始误差转移到不影响或少影响加工精度的方向或其他零件上去。

在成批生产中,用镗模加工箱体孔系的方法,就是把机床的主轴回转误差、导轨误差,对刀误差等原始误差完全转移掉,工件的加工精度完全靠镗模和镗杆的精度来保证。由于镗模的结构远比整台机床简单,精度容易达到,故在实际生产中得到广泛的应用。

4. 均分原始误差

生产中会遇到这种情况:本道工序的加工精度是稳定的,工艺能力也足够,但毛坯或上道工序的半成品精度太低,引起定位误差或复映误差太大,因而不能保证加工精度,而如要提高毛坯精度或上道工序加工精度,又往往可能是不经济的,这时,可采用误差分组的方法,把待加工件按误差大小分为 n 组,每组的尺寸波动就缩小为原来的 $1/n$,再按各组分别调整刀具与工件的相对位置,或选用合适的定位元件,从而解决加工精度问题。

5. 均化原始误差

加工过程中,机床、刀具的某些误差(例如导轨的平直度、齿轮刀具或机床传动链的运动误差等),往往只是根据局部区域的最大值来判定的,假使能让这局部区域的较大的误差使工件整个加工表面都受到同样的影响,就会对传递到工件表面的加工误差起到均化作用,工件的加工精度就相对地提高了,这就是均化原始误差能提高加工精度的实质。

研磨就是利用随机创制成型原理达到均化误差。研具的精度并不很高,分布在研具上的磨粒大小也并不一样,但是由于研磨时工件和研具之间有复杂的相对运动轨迹,使工件上各点均有机会与研具的各点相互接触并受到均匀的微量切削,同时工件和研具也相互修整,精度也逐步共同提高,进一步使误差均化,因此可获得精度高于研具原始精度的加工表面。

6. 就地加工法

机床或部件的装配精度,决定于有关本部件的有关尺寸精度。因此就地加工的办法,就是把各相关零部件先行装配,使它们处于工作时要求的相互位置关系,然后就地进行最终精加工。

在加工精密丝杠时,为了保证中轴回转轴线、前后顶尖和跟刀架导套孔的同轴度,就采用就地加工的方法:自磨主轴顶尖,自镗跟刀架导套孔和刮研尾架垫板。就地加工的方法应用很广,例如在车床上就地修正卡爪的同心度;在刨床上就地修正工作台台面,以保证台面与导轨的平行度等。

习题与思考题

1. 加工精度包括哪几个方面?

2. 什么是经济精度?

3. 什么是原始误差,与加工误差是什么关系?

4. 什么叫误差不敏感方向?

5. 主轴回转轴线的误差运动有哪几种基本形式?

6. 车床上加工轴,检测发现:端面上出现圆锥形形状误差,端面上出现端面凸轮似的螺旋面形状误差,圆柱面上出现圆柱度形状误差;车床上加工内孔,检测发现:出现椭圆形形状误差。若以上形状误差均是由第一类原始误差引起,请分别进行原因分析。

7. 精车一根合金钢轴的外圆,要求直径 $D=100\mathrm{mm}$,车削部分的轴长度 $L=1\,500\mathrm{mm}$,切削参数为:切削速度 $v=90\mathrm{m/min}$,进给量 $f=0.15\mathrm{mm/r}$,背吃刀量 $a_p=0.5\mathrm{mm}$,查有关手册得知拟选用的刀具材料的初期磨损值 $\mu_\mathrm{B}=4\mu\mathrm{m}$,单位磨损值 $\mu_\mathrm{o}=6\mu\mathrm{m}$,图纸要求加工后工件在直径上的锥度不能大于 $40\mu\mathrm{m}$,若只考虑刀具磨损对加工精度的影响,试分析该种刀具材料的选用是否合适。

8. 镗削内孔如题图 8 所示,工件不动,通过镗杆伸出使刀具送进,工件可能会出现什么形状误差?

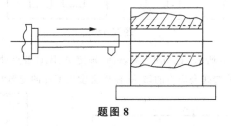

题图 8

9. 车削外圆,已知工艺系统静刚度 $k=5\,400\mathrm{N/mm}$,在给定的切削条件下,径向切削力系数 $A=600\mathrm{N/mm}$,设毛坯存在的圆度误差(即最大直径与最小直径相差值)为 $0.93\mathrm{mm}$,已知零件的圆度误差要求不大于 $0.01\mathrm{mm}$,需要几次走刀才能满足要求?

10. 车削圆盘状工件的外圆,因为功能的需要,盘状工件上附加了一个质量块如题图 10 所示,在所给图中画出因工艺系统力变形导致的形状误差。

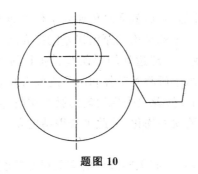

题图 10

11. 应采取哪些措施来减少工艺系统的受力变形?

12. 导致工艺系统热变形的有哪些主要热源?

13. 什么叫热平衡?

14. 磨削较薄的环形工件的外圆,用压铁压在工作台上,如题图 14 所示,若只考虑加工中工件热变形的影响,画出工件冷却后的外圆形状误差。

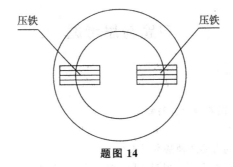

题图 14

15. 什么是加工原理误差?

16. 什么是测量误差中的阿贝误差?

17. 机床微量进给时的爬行现象的机理是什么,应该采取何种对策?

18. 铸件如题图 18 所示,将左边部分用锯片铣刀切断,铣刀厚度为 A,由于铸造残余应力的影响,切口宽度还是 A 吗?发生怎样的变化?

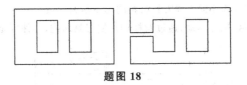

题图 18

19. 车床床身铸件如题图 19 所示,上表面为导轨面,确定 A、B、C 各点处残余应力的符号,当切削加工去除导轨面的表面层时,由于铸造残余应力的影响,铸件会发生怎样的变形?

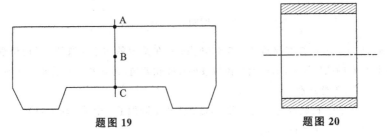

题图 19   **题图 20**

20. 套筒如题图 20 所示,材料为 20 钢,当其在外圆磨床上用芯轴定位磨削外圆时,由于磨削区高温导致加工后外圆处出现残余拉应力,内孔处出现残余压应力,当用锯片铣刀沿直径将此圆筒切开成为两个半圆环,半圆环将产生怎样的变形?

21. 要减少工件中的残余应力,一般可采取哪些措施?

22. 什么是系统性误差,什么是随机性误差?

23. 采用频率密度作为纵坐标,能改善直方图的什么特性?

24. 在什么条件下,加工误差的分布服从正态分布?

25. 磨削一批小轴的外圆,尺寸本来应该符合正态分布,但测量后却发现尺寸分布曲线出现平顶,如题图 25 所示,分析其原因,并提出改进措施。

题图 25

26. 车削外圆,要求直径尺寸为 $D = \phi 40^{0}_{-0.15}$,设工序尺寸符合正态分布,已知 $\sigma = 0.025$mm,且公差带中心小于尺寸分布中心,其偏移值为 0.025mm,求本工序合格品率及工艺能力系数。

27. 车削外圆,要求直径尺寸为 $\phi 30^{0}_{-0.15}$,加工后经检验发现有 3% 的可修复不合格品,设工序尺寸符合正态分布,且尺寸分布范围的下限与公差带下限重合,求本工序工艺能力系数。

28. 车削内孔,要求直径尺寸为 $\phi 20 \pm 0.07$,加工后经检验发现有 8% 的不合格品,其中一半不可修复,设工序尺寸符合正态分布,求本工序工艺能力系数。

29. 为什么点图分析法能弥补分布图分析法的不足?

30. 工艺过程正常波动和异常波动是如何判定的?

31. 试用一个实例说明就地加工法是如何提高装配精度的。

3 机械加工表面质量

3.1 概述

3.1.1 表面质量的含义

机器零件的加工质量,除加工精度外,表面质量也是极其重要的一个方面。表面质量也叫表面完整性,是指零件在加工后的表面层状况。

由于磨损、腐蚀和疲劳破坏都是发生在零件的表面,或是从零件表面开始的,因此,加工表面质量将直接影响到零件的工作性能,尤其是它的可靠性和寿命。

随着工业技术的快速发展,机器的使用要求越来越高,一些重要零件必须在高应力、高速、高温等条件下工作,表面层的任何缺陷,不仅直接影响零件的工作性能,还可能引起应力集中、应力腐蚀等现象,将进一步加速零件的失效,因而表面质量问题越来越受到各方面的重视。

任何机械加工所得的表面,总是存在一定的几何形状偏差,表面层材料在加工时受切削力、切削热等的影响,也会使原有的物理机械性能发生变化,因此,加工表面质量包括了几何因素和非几何因素两方面的内容:

1. 表面的几何形状

加工后的表面几何形状,总是以"峰""谷"交替出现的形式偏离其理想的光滑表面。其偏差又有宏观、细观和微观之分,一般以波距(峰与峰或谷与谷间的距离)和波高(峰、谷间的高度)的比值来加以区分。宏观几何形状偏差是加工精度的指标之一,即通常所说的几何形状误差;微观几何形状偏差,称为表面粗糙度;介于两者之间的细观几何形状误差则称为表面波度,表面粗糙度和表面波度都属于加工表面质量范畴。

2. 表面层的物理机械性能变化

主要有以下三个方面的内容:

(1) 表面层的冷作硬化

工件在机械加工过程中,表面层金属产生强烈的塑性变形,使表层的强度和硬度都有提高,这种现象称表面冷作硬化。表面冷作硬化通常以硬化层深度和硬化程度来衡量。

（2）表面层残余应力

切削（磨削）加工过程中由于切削变形和切削热等的影响,工件表层及其与基体材料之间会因为相互制约而产生相互平衡的弹性应力,称为表面层的残余应力,从而可能给零件带来严重的隐患。

（3）表面层金相组织的变化

磨削时的高温常会引起表层金属的金相组织发生变化（通常称之为磨削烧伤）,大大降低了表面层的物理机械性能。

3.1.2 表面质量对零件使用性能的影响

表面质量对零件使用性能如耐磨性、配合的质量、疲劳强度、抗腐蚀性、接触刚度等都有一定程度的影响。

1. 表面质量对零件耐磨性的影响

零件的磨损过程通常分为三个阶段,摩擦副开始工作时,磨损比较明显,称为初期磨损阶段（一般也称为跑合阶段）。跑合后的摩擦副磨损就进入正常磨损阶段,最后,磨损又突然加剧,导致零件不能继续正常工作,称为急剧磨损阶段。

摩擦副表面的初期磨损与表面的粗糙度有很大关系。图 3-1 为表面粗糙度对初期磨损量影响的实验曲线。从图中可以看出,在一定条件下,摩擦副表面有一个最佳粗糙度,过大或过小的粗糙度都会使初期磨损量增大。为减少初期磨损,摩擦表面的加工要求尽量接近最佳粗糙度,最佳粗糙度视不同材料和工作条件而异。

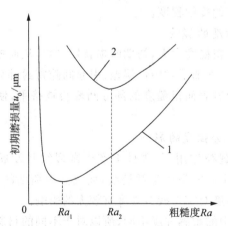

图 3-1 表面粗糙度与初期磨损量的关系

1-轻载;2-重载

上面所述磨损情况,是指较普遍的半液体润滑或干摩擦的情况。对于完全液体润滑,要求摩擦副表面粗糙度不刺破油膜,使金属表面互不接触,则表面粗糙度越小越有利。

表面粗糙度的纹路方向对零件耐磨性也有影响,如图 3-2 所示。图 3-2(a)表明,轻载时,两个表面的纹路方向平行且与相对运动方向一致时磨损最少(曲线 1),两个表面的纹路方向平行但与相对运动方向垂直时磨损最大(曲线 2),其余的情形介于两者之间;图 3-2(b)

表明,重载时,则应尽量使两表面纹路相垂直,且运动方向平行于下表面的纹路方向(曲线4),如果两表面的纹路方向均与相对运动方向一致时容易发生咬合,加剧磨损,导致零件很快就失效(曲线1)。

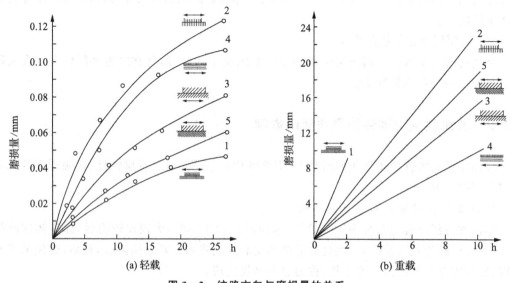

(a) 轻载　　　　　　　　　　　　　　(b) 重载

图 3 - 2　纹路方向与磨损量的关系

表面层的物理机械性能对耐磨性也有影响。表面冷硬一般能提高耐磨性,这是因为冷作硬化提高了表层强度,减少了表面进一步塑性变形和表层金属咬焊的可能。

但过度的冷硬会使金属组织过度疏松,甚至出现疲劳裂纹和产生剥落现象,反而降低耐磨性。所以,存在一个最佳的冷硬程度。

2. 表面质量对配合精度的影响

对于动配合表面,如果粗糙度太大,初期磨损就较严重,从而配合间隙增大,降低了配合精度(降低动配合的稳定性,增加了对中性误差、引起间隙密封部分的泄漏等)。

对于静配合表面,装配时表面粗糙度的部分凸峰会被挤平,使实际配合过盈减少,降低了静配合表面的结合强度。

3. 表面质量对零件疲劳强度的影响

疲劳破坏是指在交变载荷作用下,零件上产生微裂纹并发展成疲劳裂纹,导致突然断裂。由于零件上的应力集中区容易产生微裂纹,而表面粗糙度的谷部在交变载荷作用下容易形成应力集中,因此粗糙度对零件疲劳强度有较大的影响。

不同的材料对应力集中的敏感程度不同,所以对于不同的材料,表面粗糙度对疲劳强度的影响程度也不同。

材料的晶粒越细小,质地越致密,往往对应力集中也越敏感,因此强度越高的钢材,粗糙度越大则疲劳强度也降低得越厉害。如表 3 - 1 所示。

表 3 - 1 不同加工方法下的相对疲劳强度

加 工 方 法	钢的强度极限 σ_B/(N/mm²)		
	470	930	1420
	相 对 疲 劳 强 度 %		
精细抛光或精研磨	100	100	100
抛光或研磨	95	93	90
精磨或精车	93	90	85
粗磨或粗车	90	80	70
热轧钢材直接使用	70	50	35

表面残余应力对疲劳强度的影响极大。在拉应力区,裂纹容易产生和扩展,因此,表面如带有残余压应力,将抵消一部分交变载荷引起的拉应力,从而提高了零件的疲劳强度.反之,表面拉应力则使疲劳强度显著下降。

表面适当的冷硬使表面层金属强化,减小交变载荷引起的交变变形幅值,阻止疲劳裂纹的扩展,从而能提高零件的疲劳强度,但冷硬过度易出现疲劳裂纹,反而降低疲劳强度,磨削烧伤也将降低疲劳强度。

4. 表面质量对零件耐腐蚀性的影响

由于粗糙表面的凹谷处容易积聚腐蚀介质而发生化学腐蚀或电化学腐蚀,因此,减小表面粗糙度能提高零件的耐腐蚀性。

零件在应力状态下工作时,会产生应力腐蚀,如表面存在裂纹,则更增加了应力腐蚀的敏感性。因此表面残余应力一般会降低零件的耐腐蚀性。表面冷硬或金相组织变化时,往往会引起表面残余应力,因而都会降低零件的耐腐蚀性。

5. 表面质量对接触刚度的影响

表面粗糙度对零件的接触刚度有很大的影响,表面粗糙度越小,接触刚度越好,故减小表面粗糙度是提高接触刚度的最有效的措施。

3.2 表面粗糙度和波度

3.2.1 切削加工表面粗糙度

切削加工时,产生表面粗糙度的原因可归结为三个方面:刀具在工件表面留下的残留面积、切削过程的物理方面原因及刀刃与工件相对位置的微幅变动。

1. 切削过程中刀刃在工件表面留下的残留面积

切削时,由于刀刃形状以及进给量的影响,不可把余量完全切除,总会留下一定的残留面积,于是就形成了表面粗糙度,因此,残留面积的高度将会直接影响表面形态。

当忽略刀尖圆弧部分的影响,可由图 3 - 3 得出残留面积高度的理论公式。

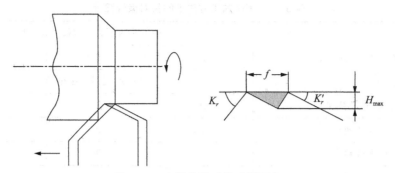

图 3 - 3　车削外圆时的残留面积

图 3 - 3 为车削外圆的示意图,工件旋转,车刀平行于工件的轴线做直线运动,显然,刀尖相对于工件表面的运动轨迹是一根螺旋线,工件每旋转一周,刀尖沿工件轴向移动一个距离,这个距离就是刀具的进给量 f(mm/r),因此在工件表面上有一小部分材料未被切除,形成所谓残留面积。

残留面积高度由式(3 - 1)算出

$$H_{\max} = \frac{f}{\cot K_r + \cot K_r'} \tag{3 - 1}$$

式中,$H_{\max}$ 是残留面积高度,f 是车刀进给量,K_r、K_r' 分别是车刀主偏角和副偏角。

实际切削过程中,刀尖不可能保持尖锐,很快就会钝下来,一般为了保持刀尖的形状,通常都特意在刀尖处磨出一个圆角,即在主刃和副刃之间形成一个圆弧形的过渡刃,当工件表面的残留面积主要由圆弧过渡刃形成时,残留面积高度可由式(3 - 2)算出:

$$H_{\max} = r_\varepsilon - \frac{\sqrt{4r_\varepsilon^2 - f^2}}{2} \approx \frac{f^2}{8r_\varepsilon} \tag{3 - 2}$$

式中,r_ε 是圆弧过渡刃的半径。

可以看出:减小进给量,减小刀具主、副偏角,增大刀尖圆角半径都可减小残留面积高度。

上述公式适用于车削、刨削,也适用于端面铣削。而对于采用圆柱铣刀进行周铣时,残留面积高度的影响因素较多,不但与进刀量、铣刀的几何结构参数有关,还与采用的铣削方式是逆铣还是顺铣有关,其残留面积高度的计算公式为

$$H_{\max} = \frac{f_z^2 \pi^2 r}{2(f_z z \pm 2\pi r)^2} \tag{3 - 3}$$

式中,f_z 是铣刀每齿进给量(mm/齿),z 是铣刀齿数,r 是铣刀半径(mm)。

逆铣时,公式中取正号;顺铣时,公式中取负号。

残留面积的高度直接决定了表面粗糙度的数值,引起了高度关注。通过选择适当的切削参数和刀具几何结构参数,可降低残留面积的影响,提高加工表面质量。

例:车削轴的外圆,已知车刀主偏角 $K_r = 60°$,副偏角 $K_r' = 30°$,切削进给量 $f = 0.04$mm/r,根据加工要求,工件表面残留面积高度不能超过 0.013mm,假设忽略刀尖圆角对残留面积的影响,以上加工参数是否能满足要求?若希望通过改变切削进给量来降低表面残留面积高度,切削进给量 f 最大只能是多少?

解: $H_{\max} = \dfrac{f}{\cot K_r + \cot K_r'} = \dfrac{0.04}{\cot 60° + \cot 30°} = 0.017\text{mm}$,不能满足加工要求。

$0.013 \times (\cot 60° + \cot 30°) = 0.03$,切削进给量 f 最大只能是 0.03mm/r。

2. 切削过程的物理方面的原因

切削过程中影响表面粗糙度的物理方面原因,主要表现为:

(1)用低切削速度切削塑性材料时,常容易出现积屑瘤和鳞刺,使加工表面出现不规则沟槽或鳞片状毛刺,严重恶化了表面光洁程度,这往往成为加工韧性材料如低碳钢、不锈钢、高温合金及铝合金等时的主要问题。

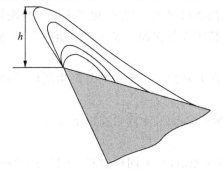

图 3-4　积屑瘤

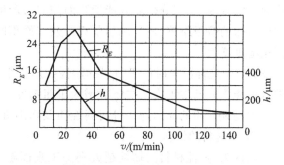

图 3-5　积屑瘤高度 h、表面粗糙度 Rz 与切削速度 v 的关系

在一定的切削速度下加工塑性材料的零件时,刀具前刀面上往往会层积一些工件材料,形成所谓积屑瘤。由于层积下来的材料历经剧烈变形,硬度很高,通常积屑瘤的硬度可达工件材料的 2 倍到 3.5 倍,可以代替刀具进行切削,减少刀具磨损,这在粗加工时是有实际意义的。但由于积屑瘤的形状复杂且多变,原有积屑瘤长大到一定的时候还会脱落,新的积屑瘤又会产生并长大,脱落的积屑瘤碎片还会形成镶嵌在工件表面的硬质点,这些都极大地恶化了加工表面粗糙度。

由图 3-5 可知积屑瘤高度 h 与表面粗糙度密切相关,在较低和较高的速度区间内积屑瘤的高度受到抑制,所以,在精加工时可通过选取适当的切削速度来避免积屑瘤对加工表面质量的影响。

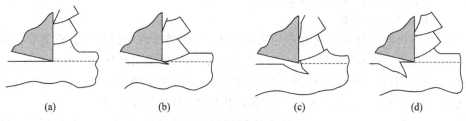

(a)　　　　　　　(b)　　　　　　　(c)　　　　　　　(d)

图 3-6　鳞刺的形成过程

鳞刺指的是在已加工表面上产生的鳞片状的毛刺,在其根部会存在裂口。鳞刺增大了表面粗糙度,恶化了加工表面质量。鳞刺的形成过程分为四个阶段,如图 3-6 所示:

(a)抹拭阶段:切屑将前刀面上的吸附膜抹拭掉,使得切屑与前刀面之间为金属的直接接触,摩擦力急剧增大。

(b)导裂阶段:切屑与前刀面之间由于很大的摩擦力和压力而发生冷焊,导致切屑停滞

在前刀面上。由于刀具仍然要继续运动,就使得切削刃前下方的工件材料出现裂口。

(c)层积阶段:刀具继续运动,工件上的裂口持续扩大,层积在刀具前方的材料不断增多,实际切削厚度不断加大,切削力也继续增大。

(d)刮成阶段:当切削力增大到足以克服切屑与前刀面之间的冷焊黏滞阻力时,切屑又恢复沿前刀面的运动,这时刀具恢复到切削状态,切削刃刮切出鳞刺的顶部,形成一个鳞刺。由于刀具后刀面的摩擦作用,还可能使得鳞刺顶部稍有上翘。

显然,设法降低切屑与前刀面的摩擦是减少鳞刺的重要措施。

(2)刀具与工件表面的挤压摩擦,例如刀具过渡圆弧近刀尖处的切削厚度很小,如进给量小到一定程度,这部分金属未能切除而与刀刃产生的挤压摩擦,工件已加工表面弹性恢复后与后刀面的挤压摩擦,还有副切削刃对残留面积的挤压等等使加工表面产生塑性变形,使表面粗糙度增大。

(3)切削脆性材料时由于材料的塑性变形很小,在刀具的作用下主要是产生崩碎,崩碎裂缝有可能深入已加工表面之下而增大了粗糙度。

上述物理方面的原因与工件材料性质及切削机理密切相关,主要可有以下几点:

① 工件材料的性质

一般认为,塑性材料的韧性越大则加工表面越不易光洁,对于同样材料,在相同的切削条件下,晶粒组织越粗大则加工后表面光洁程度也越差,因此被加工材料经调质或正火后,韧性降低,晶粒组织均匀,粒度较细,加工时就可显著地降低表面粗糙度。

② 切削用量

切削速度对物理原因引起的粗糙度影响最大。首先,积屑瘤和鳞刺都是在一定的切削速度范围内才会产生的,小于或大于这个范围就可减小其影响甚至抑制其产生。其次,切削速度越高,切削过程的塑性变形就越轻,尤其当切削速度超过了塑性变形的速度时,材料来不及明显地变形,塑性变形量很小,表面粗糙度低,因此高速切削时被加工材料性质对粗糙度的影响也就很小。

减小进给量也可降低残留面积高度而提高表面光洁程度,但随着进给量的减小,切削过程的塑性变形程度会逐渐增加,当进给量小到一定程度,塑性变形的影响会上升到主导地位,再进一步减小,反而会使表面粗糙度增大。

③ 刀具材料和几何参数

刀具材料与被加工材料金属分子的亲和力大时,切削过程中容易生成积屑瘤。在其他条件相同的情况下,用硬质合金刀具加工时,其表面粗糙度比用高速钢刀具时为小,对于非铁碳合金,用金刚石车刀加工可获得高光洁的表面,但由于金刚石为同素异构体,与铁碳合金中的碳产生亲和作用,因此金刚石刀具不能用于加工铁碳合金工件。

刀具几何参数方面,增大前角可减少切削过程的塑性变形,有利于抑制积屑瘤和鳞刺产生,故在中、低速切削时对表面粗糙度有一定的影响。此外,过小的后角会增加后刀面与已加工表面的摩擦,刃倾角的大小会影响刀具的实际前角,因此都会对表面粗糙度产生影响。

④ 切削液

合理选择切削液,提高切削液的冷却作用和润滑作用,能减少切削过程的摩擦,降低切削区温度,从而减少了切削过程的塑性变形,并抑制鳞刺和积屑瘤的产生,因此对降低表面粗糙度有着显著的作用。

3. *刀刃与工件相对位置的微幅变动*

机床主轴回转轴线的误差运动及工艺系统的振动都会引起刀刃与工件相对位置发生微幅变动,使加工表面产生微观的几何形状误差。有关机械加工中振动的机理和消振减振的措施将在本章第 5 节中介绍。

要降低切削加工表面粗糙度,首先应判断影响表面粗糙度的主要原因是几何因素还是物理因素。

如果已加工表面的走刀痕迹比较清楚,这说明影响粗糙度的主要是几何因素,应该考虑减小残留面积高度。

如果已加工表面出现鳞刺或切削速度方向有积屑瘤引起的沟槽,则物理因素是主要原因,降低表面粗糙度要从消灭鳞刺和积屑瘤着手,可根据具体情况,采取以下措施:

① 改用更低或较高的切削速度并配合较小的进给量,可有效地抑制鳞刺和积屑瘤的产生和长大。

② 在中、低速切削时加大前角对抑制鳞刺和积屑瘤有良好的效果,适当加大一些后角,对减少鳞刺也有一定的效果。

③ 改用润滑性能良好的切削液如动、植物油,极压乳化液或极压切削液等。

④ 必要时可对工件材料先进行正火、调质等热处理以提高硬度,降低塑性和韧性。

3.2.2　磨削加工表面粗糙度

磨削加工表面粗糙度的产生原因,同样也由工件余量未被磨粒完全切除而留下的残留面积、塑性变形等物理因素及因振动引起的砂轮与工件相对位置微幅变动等三方面构成.但磨削过程有与一般切削加工不同的特点,故表面粗糙度的形成也有其特殊的规律。

要提高磨削表面的光洁程度,应该从正确选择砂轮、磨削用量和磨削液等方面采取措施。

当磨削温度不太高、工件表面没有出现烧伤和涂抹微融金属时,影响表面粗糙度的主要是几何因素,因此减小表面粗糙度的措施是降低工件线速度(提高砂轮圆周速度往往受到机床结构和砂轮强度的限制,故一般不考虑)。仔细修整砂轮和适当增加无进给磨削次数也是常用的措施。

如磨削表面出现微融金屑的涂抹点时,那么减小表面粗糙度的措施主要是减小磨削深度,以减轻塑性变形程度。必要时还应考虑砂轮是否太硬、磨削液是否充分、是否有良好的冷却性和流动性。

3.2.3　表面波度

表面波度是介于宏观与微观间的表面几何形状偏差.其特征是表面的峰谷具有较明显的周期性。

表面波度主要是由加工过程中工艺系统的振动引起的。工件表面波度的波纹数不仅与工件加工一圈中刀具、工件间的相对振动次数有关,还与前后二圈振纹的相位角有关。相位角是由于刀具、工件间相对振动频率与工件转速不成整倍数关系而产生的。

表面波度的波高决定于工件与刀具相对振动的振幅和相位角。

关于表面波度,我国目前还没有制订相应的国家标准,轴承行业为满足实际应用的需要,对滚动轴承若干具体应用条件下表面波度的波高允许值做了规定。

3.3　加工表面物理机械性能的变化

3.3.1　表面冷硬

表面冷硬是由于塑性变形引起的。机械加工时,工件表面层金属强烈的塑性变形,使金属的晶格被拉长、扭曲和破碎。晶粒被拉长后与相邻晶粒相接触的界面增大,晶粒间表面聚合力也增加,提高了进一步变形的抗力;晶格被扭曲,增加了晶粒间的相互干涉,也阻碍了进一步塑性变形,同时滑移平面间的小碎粒也起阻碍进一步滑移的作用。所以,工件因机械加工而产生塑性变形时,表层金属得到了强化。

另一方面机械加工时产生的切削热提高了表层金属的温度,温度达一定数值时会使已强化的金属逐渐回复到正常状态。回复作用的大小取决于表层温度的高低、高温下持续的时间和强化程度的大小。温度越高、高温持续时间越长、强化程度越大,回复作用也越强。

机械加工时表面层的冷硬,是强化作用和回复作用的综合结果。

影响表面冷硬的因素主要是

(1) 切削用量　在一般常用的切削速度区间,随着切削速度的提高,工件表层的塑性变形程度逐渐减小而温度逐步升高,强化作用减弱而回复作用增大,因此表面冷硬随切削速度的提高而减轻。

进给量减小时塑性变形程度随之减少,故表面冷硬也有所减小。但如进给量过小,刀具对工件表层挤压作用加大,使塑性变形程度增加,因此表面冷硬又会有所增加。

(2) 刀具　增大刀具前角,减小刀刃圆钝半径,及减少后刀面磨损量,均能减小切削过程表层金属的塑性变形而使表面冷硬减小。

(3) 工件材料性质　工件材料塑性越大,强化指数越大,表面冷硬就越严重。碳钢的含碳量越高、强度越高则冷硬程度就越小。有色金属的熔点较低,容易回复,故冷硬要比结构钢小得多。

3.3.2　磨削烧伤

磨削时,磨粒在高速下以其很大的负前角切削极薄层的金属(图 3-7),在加工表面引起很剧烈的摩擦和塑性变形,因此单位切削截面所消耗的功率远大于切削加工。

由于磨屑数量少,带走热量的能力很有限,所消耗的功率转化的磨削热绝大部分留在工件上,造成磨削表面很高的温升和很大的温度梯度。严重时使表层金属的金相组织发生变化,强度和硬度下降,产生残余应力,甚至产生显微裂纹,大大降低了工件的机械力学性能,这被称为磨削烧伤。

磨削烧伤发生时,工件表面因磨削热产生的氧化层厚度不同,往往会出现黄褐、紫、青等颜色变化,这可以作为磨削烧伤发生的直观判据。

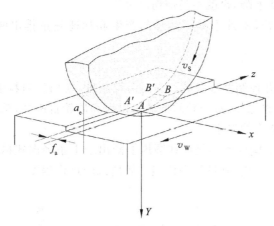

图 3 - 7　平面磨削加工示意图

磨削烧伤一般可分为回火烧伤、淬火烧伤以及退火烧伤。

磨削淬火钢时,如磨削区温度达回火温度(淬火后未回火钢)或超过原来的回火温度(对淬火后回火钢),工件表层原来的马氏体组织或回火马氏体组织将发生过回火现象而转变为硬度较低的过回火组织,这种烧伤称为回火烧伤。在中等磨削条件下可能产生回火烧伤(图3 - 8)。

如磨削区温度超过相变临界温度,由于磨削液的急冷,表面最外面一薄层会出现二次淬火马氏体组织,在它的下层温度较低、冷却也慢,则转变为过回火组织。最外层的二次淬火马氏体组织硬度虽高,但是薄且脆,其下就是硬度较低的过回火组织,表面物理机械性能也很差,一般称为淬火烧伤。在重磨削条件下可能产生淬火烧伤。

如不用磨削液而进行干磨削,当磨削区温度超过相变临界温度,表层金属因冷却缓慢而形成退火组织,硬度强度都将急剧下降,就形成退火烧伤。

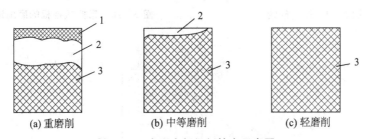

图 3 - 8　表层金相组织转变示意图

1-二次淬火组织;2-过回火组织;3-基体组织

工件材料的导热性差,则热量不易传出,磨削区温度就高,也就容易烧伤。大多数高合金钢如高锰钢、轴承钢、高速钢等,其导热性都很差,故磨削烧伤往往是磨削加工中的主要问题。

此外,工件材料金相组织的稳定性对磨削烧伤关系很大,例如含碳量相同的材料,淬火硬度越高则金相组织越不稳定,磨削时容易烧伤。淬火后回火温度越高则金相组织就越稳定,也就越不易烧伤。

砂轮的切削性能对磨削区温度也有很大影响,如果磨粒的刃口锐利,磨削力和磨削功率都可减小,磨削区温度就下降,也就不易烧伤。

防止磨削烧伤的途径,不外乎减少热量的产生和加速热量排出两个方面,具体措施主要是:

(1)控制磨削用量。

(2)合理选择砂轮并控制修整参数。提高磨粒硬度,使用较粗粒度的砂轮,修整砂轮时适当增大修整导程和修整深度,选用较软的砂轮以提高砂轮自砺性,都可以提高砂轮的切削性能,有利于防止磨削烧伤的发生。

(3)采用间断磨削。间断磨削是用在圆周上割出若干条径向狭槽的砂轮。由于工件与砂轮间断接触,缩短了工件受热时间,因此能有效地减轻烧伤程度。

(4)提高冷却效果。

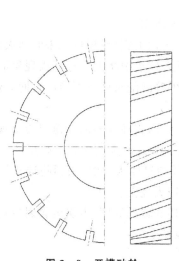

图 3-9　开槽砂轮

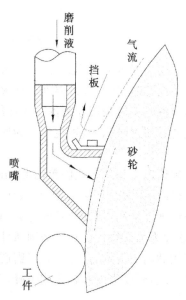

图 3-10　带空气挡板的磨削液喷嘴

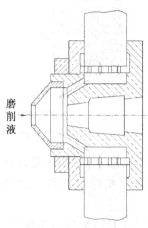

图 3-11　内冷却砂轮

为了使得冷却液能有效地进入磨削区,在砂轮圆周面上设置斜槽即所谓开槽砂轮,如图

3-9 所示。由于空气具有黏性,高速运动的物体会带动周围的空气运动而形成气流,在物体表面甚至会附着一层气膜,砂轮回转时的线速度比较高,在其圆周表面上的气流会使得冷却液难以浇注到磨削区,可以在喷嘴上方设置挡板,如图 3-10 所示,将随砂轮运动的气流隔开。这种带挡板的喷嘴结构形式有多种,使用方便。图 3-11 是内冷却砂轮,磨削液从砂轮的轴孔进入,由于离心效应而从砂轮的空隙中甩出,可直接进入磨削区,有较好的冷却润滑效应。但这种方式在设施上比较复杂,所用的砂轮应有足够的内部孔隙,同时由于在砂轮周围会形成大量喷雾,应使用隔离防护罩。

3.3.3 表面层残余应力

表面层产生残余应力的原因有:

(1)切削过程中表面层局部冷态塑性变形。

切削加工时工件表层金属冷态塑性变形的影响比较复杂。在切下切屑的过程中,原来与切屑连成一体的表面层金属产生相当大的、与切削方向相同的冷态塑性变形,切下切屑后,基体金属阻止表层金属的收缩,最终达到平衡时,表层金属带有残余拉应力而里层基体金属则带残余压应力。在切削深度方向上也会因局部冷态塑性变形而产生残余应力。

(2)表层局部热塑性变形。

切削(磨削)热使得工件表面局部热膨胀,受基体金属阻碍,产生很大的热压应力并导致表层金属发生塑性变形。切削过程结束时表层温度下降,基体金属阻止其收缩,使表层带残余拉应力而里层有残余压应力。

(3)表层局部金属组织的转变。

加工时表层金属在切削(磨削)热作用下发生相变。不同金相组织的密度不同(例如马氏体密度最小,奥氏体密度最大),使得表层金属体积发生变化,受基体金属的阻碍引起残余应力。例如回火烧伤时表层金属密度增大、体积减小,表层就产生残余拉应力;淬火烧伤时表层金属密度减小、体积增大,表层内将形成残余压应力。

例:在外圆磨床上磨削一根已淬火的碳钢光轴,由于磨削时工件表面层温度达到 800℃ 而发生回火烧伤,表面层金属组织由马氏体转变为屈氏体。已知马氏体密度为 $\rho_M = 7.75 \times 10^3 \, \text{kg/m}^3$,屈氏体密度为 $\rho_T = 7.78 \times 10^3 \, \text{kg/m}^3$,材料弹性模量 $E = 2.06 \times 10^5 \, \text{MPa}$,试分析在这个过程中工件表面将产生何种残余应力并计算残余应力的大小。

解:对于给定质量的材料,密度增大将带来体积减小,表面层金相组织由马氏体转变为屈氏体,体积将会减小,但由于受到内部未发生金相组织转变的材料的牵制,表面层的体积收缩会受到阻碍,因此在工件表面将产生残余拉应力。

$$\frac{\rho_M}{\rho_T} = \frac{V_T}{V_M} = \frac{V_M - \Delta V}{V_M} = 1 - \frac{\Delta V}{V_M}$$

注意到体膨胀系数为线膨胀系数的三倍,所以体应变可视为线应变的三倍,即 $\frac{\Delta V}{V_M} = 3\frac{\Delta l}{l_M}$

两式联立,可有

$$\sigma = E\varepsilon = E\,\frac{\Delta l}{l_M} = E\,\frac{1}{3}\frac{\Delta V}{V_M} = E\,\frac{1}{3}\left(1 - \frac{\rho_M}{\rho_T}\right)$$

代入有关数据,可算出 $\sigma = 265\mathrm{MPa}$

工件表层残余应力是各方面原因综合影响的结果,在一定条件下,往往是其中某些因素起主要作用,应作具体分析,抓住主要矛盾。

例如在上题中如果考虑到磨削时工件表面层温度较高会导致高温热塑性变形,冷却后会产生残余拉应力,则应该作表层热塑性变形引起的残余拉应力分析计算,与表层金相组织变化引起的残余拉应力比较,找出主要原因,采取相应措施。

还应指出:由于表层各处的塑性变形和金相组织都不是均匀分布的,因此表面或距表面同一深度处残余应力的大小和符号往往也不一样。

为能有效控制表面层的残余应力,往往需要另外增加一道专门的工序。对残余应力的控制分为两个方面,一是以减少或消除残余应力为目的,为此可采用精密加工工艺或光整加工工艺作为最终加工工序,或另加时效工序以消除残余应力,由于自然时效较费时,可采用热时效、振动时效等人工时效方法来清除表面层的残余应力;二是以形成残余压应力为目的,这时可采用表面强化工艺或表面热处理工艺,使工件表面形成残余压应力,可以有效提高零件的承载能力和抗疲劳破坏的能力。

3.4　精密加工、光整加工和表面强化工艺

3.4.1　精密加工工艺

精密加工工艺是指加工精度和表面光洁程度高于各相应加工方法精加工的各种加工工艺。精密加工工艺包括精密切削加工(如金刚镗、精密车削、宽刃精刨等)和高光洁高精度磨削。精密加工的加工精度一般在 $10 \sim 0.1\mu\mathrm{m}$,公差等级在 IT5 以上,表面粗糙度 Ra 在 $0.1\mu\mathrm{m}$ 以下。

精密切削加工是依靠精度高、刚性好的机床和精细刃磨的刀具用很高或极低的切削速度、很小的切深和进给量在工件表面切去极薄一层金属的过程,显然,这个过程能显著提高零件的加工精度。由于切削过程残留面积小,又最大限度地排除了切削力、切削热和振动等的不利影响,因此能有效地去除上道工序留下的表面变质层,加工后表面基本上不带有残余拉应力,粗糙度也大大减小,极大地提高了加工表面质量。

高光洁高精度磨削包括精密磨削、超精密磨削和镜面磨削。

高光洁高精度磨削同样要求机床有很高的精度和刚性,磨削过程是用经精细修整的砂轮,使每个磨粒上产生多个等高的微切削刃,以很小的磨削深度,在适当的磨削压力下,从工件表面切下很微细的切屑,加上微切削刃呈微钝状态时的滑擦、挤压、抚平作用和多次无进给光磨阶段的摩擦抛光作用,从而获得很高的加工精度和物理机械性能良好的高光洁表面。

综上所述,采用精密加工工艺可全面提高工件的加工精度和表面质量。

3.4.2　光整加工工艺

光整加工工艺是用粒度很细的磨料对工件表面进行微量切削和挤压擦光的过程。它是按随机创制成型原理进行加工,故不要求机床有精确的成型运动。

加工过程中磨具与工件的相对运动应尽量复杂,尽可能使磨粒不走重复的轨迹,让工件加工表面各点与磨料的接触条件具有很大的随机性。在开始时突出于它们之间的高点进行相互修整。随着加工的进行,工件加工表面上各点都能得到基本相同的切削,便误差逐步均化而减少,从而获得极光洁的表面和高于磨具原始精度的加工精度。

光整加工的特点之一是没有与磨削深度相对应的磨削用量参数,只规定加工时磨具与工件表面间的压力。由于压力一般很小,磨粒的切削能力很弱,主要起挤压、抛光作用。而且切削过程平稳,切削热少,故加工表面变质层极浅,表面一般不带有残余拉应力,表面粗糙度也很小。

由于光整加工时磨具与工件间能相对浮动,与工件定位基准间没有确定的位置,因此一般不能修正加工表面的位置误差。同时光整加工时切削效率极低,如余量太大,不仅生产效率低,有时甚至会使已取得的精度下降,因此光整加工主要用以获得较高的表面质量,在提高表面质量的同时,对尺寸精度和形状精度也能有所提高。

常用的光整加工方法有研磨、珩磨、超精加工及轮式超精磨等。

3.4.3　表面强化工艺

表面强化工艺中几种最常用的加工方法有表面机械强化、表面化学热处理和电镀等,这里主要介绍表面机械强化工艺。

表面机械强化工艺是通过对工件表面冷挤压使之发生冷态塑性变形,从而提高其表面硬度、强度,并形成表面残余压应力的加工工艺。在表面层被强化的同时,表面微观不平度的凸峰被压平,填充到凹谷,因此表面粗糙度也得到减小(一般情况下表面粗糙度可降低为强化前的$1/2 \sim 1/4$)。常用的表面强化工艺有喷丸强化和滚压强化。

喷丸强化是利用大量高速运动中的珠丸冲击工件表面,使之产生冷硬层并形成表面残余压应力。珠丸大多采用钢丸,利用压缩空气或离心力进行喷射。适用于不规则表面和形状复杂的表面如弹簧、连杆等的强化加工。

图3-12为材质为36CrNiMo4钢的零件分别在粗磨、精细磨和电抛光之后进行喷丸强化,从而在疲劳强度和抗应力腐蚀性能方面得到提高的测试结果。可看到喷丸强化后零件的疲劳强度和在应力腐蚀条件下的寿命都得到提高,尤其在粗磨后进行喷丸强化,其性能更是获得大幅提升。

滚压强化是用可自由旋转的滚子对工件表面均匀地加力挤压,包括滚柱滚压和滚珠滚压等,使表面得到强化并在表面形成残余压应力,适用于规则表面如外圆、孔和平面等的强化加工。一般可在精车(精刨)后直接在原机床上加装滚压工具进行。

对于内孔零件,采用挤刀、滚珠进行挤孔(胀孔)强化工艺,可获得精度高、粗糙度低、带有残余压应力的内孔表面。

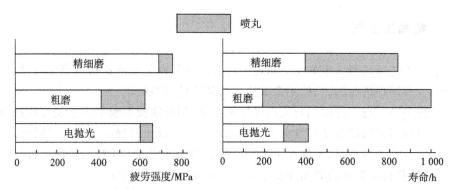

图 3-12　36CrNiMo4 钢件喷丸强化效果

表面强化工艺并不切除余量,仅使表面产生塑性变形,因此修正工件尺寸误差和形状误差的能力很小,更不能修整位置误差,加工精度主要靠上道工序来保证。

除上述几种表面机械强化工艺外,采用高频淬火、渗碳、渗氮等表面热处理工艺也可使表面强化并形成残余压应力。

3.5　机械加工中的振动

机械加工过程中,工艺系统如发生振动,会使工艺系统的正常运动方式受到干扰,破坏机床、工件、刀具间已调整好的正确位置关系,使加工表面出现振纹(表面波度),严重地恶化加工质量,降低刀具耐用度和机床使用寿命,限制生产率的提高。振动还往往带来噪音,污染环境。随着科学技术和生产的不断发展,对零件的表面质量要求越来越高,研究机械加工中产生振动的机理,探求消振减振的有效措施,已成为机械加工工艺领域的一个重要课题。

人们在努力消除振动对机械加工的不利影响的同时,也在设法利用振动来提高表面加工质量或提高生产率,如振动切削、振动磨削、振动研磨等加工方法正在不断发展。

机械加工中的振动,有自由振动、受迫振动和自激振动三种类型。

(1)自由振动　在初始干扰力作用下,使系统的平衡被破坏而产生的仅靠系统弹性恢复力维持的振动。

(2)受迫振动　在外界周期性干扰力持续作用下,系统受迫产生的振动。

(3)自激振动　依靠振动系统在自身运动中激发出交变力来维持的振动。

切削过程中的自激振动一般称之为切削颤振,由于自由振动实际上对加工质量影响不大,而受迫振动和切削颤振都是持续的振动,对零件加工质量是极其有害的,必须加以重视。

3.5.1　工艺系统的受迫振动

1. 工艺系统受迫振动的振源

受迫振动是在外界周期性干扰作用下产生的。引起工艺系统受迫振动的干扰(振源)可能来自工艺系统以外,也可能来自系统内部。外部振源主要是其他机器的振动、冲击以及附近车辆经过引起的振动等通过地基传入,激起工艺系统发生振动。内部振源主要有:

(1)回转零件的偏心质量　机床上的回转零件(特别是高速回转零件)如砂轮、齿轮、皮带轮、联轴器、卡盘、工件等,如材质不匀、形状不对称或安装偏心而产生的离心力、使工艺系统在某一主振方向受到周期变化的激振力而引起振动。

(2)传动机构的缺陷 机床传动机构的缺陷如齿轮传动有各项运动误差或平稳性误差,皮带传动的皮带厚度不匀、皮带接头不良或带轮中心距较长且张力不适当所引起的皮带横向振动;联轴器安装时两轴的同轴度误差、滚动轴承的滚道和滚动体的表面波度和圆度误差、轴承间隙过大时产生的滚动体通过振动;往复运动机构高速运行时的换向冲击或低速运行时的爬行等,都会导致机床运转不平稳和附加动载荷的周期变化,从而激起系统振动。

(3)电动机的振动 除电动机转子、风翼等质量不平衡外,各风翼排风力的不平衡和电机磁路不平衡引起的电磁力的不均匀都会引起电动机发生振动,从而又激起工艺系统的振动。

(4)液压系统的振动 油泵排油脉动性及各控制阀因所控制油液的流量、速度、压力等变化过快、波动太大都会引起液压系统发生振动而成为工艺系统的振源。

(5)切削加工过程的不均匀性 铣削和滚齿等加工时每个刀齿都是断续地进行切削的,同时进行切削的刀刃数和切削厚度也是周期性变化的,就会导致切削力的周期变化,车削或铣削带槽的非整圆表面等时也会产生周期变化的切削力。这些都可能引起系统的受迫振动。

2. 受迫振动的频率响应

了解振动系统的动态特性,是研究各种振动问题的主要内容,所谓动态特性是指:系统对于激振力的响应(包括振动位移、速度和加速度幅值及其相位)、固有频率、阻尼、动柔度(或动刚度)和主振模态(振型)等。对于简单的振动系统,可先将实际系统简化为等效的动力学模型,列出其运动微分方程就可解出;对于较复杂的系统,一般需用实验方法获得。

下面以一个单自由度系统的动力学模型(图 3−13)为例,振动系统的等效质量 m 支承在等效静刚度系数为 k 的弹簧上,与等效弹簧并联一个等效阻尼系数为 r 的阻尼,作用在 m 上的简谐交变力 $P_0 e^{i\omega t}$ 就是系统的激振力。

以等效质量 m 未受激振力作用时的平衡位置为坐标原点,在激振力 $P_0 e^{i\omega t}$ 作用下 m 偏离平衡位置的位移为 x,这时速度为 $\dot{x}$,加速度为 $\ddot{x}$,因此 m 的受力情况如图 3−13(c)所示。这里需要说明的是,阻尼力的大小应视阻尼类型而定,通常都假设为黏滞阻尼,阻尼力与速度成正比,该假设与实际情况比较接近,数学上也便于处理。

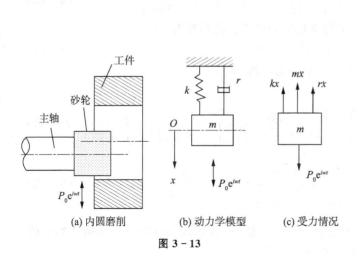

(a) 内圆磨削 (b) 动力学模型 (c) 受力情况

图 3−13

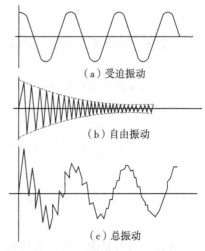

(a)受迫振动

(b)自由振动

(c)总振动

图 3−14 受迫振动的响应过程

于是可列出单自由度系统受迫振动的运动微分方程：

$$m\ddot{x} + r\dot{x} + kx = P_0 e^{i\omega t} \tag{3-4}$$

令 $\alpha = \dfrac{r}{2m}$（α 称衰减常数）、$\omega_n = \sqrt{\dfrac{k}{m}}$（$\omega_n$ 即系统的无阻尼固有圆频率），可将式(3-4)化为

$$\ddot{x} + 2\alpha\dot{x} + \omega_n^2 x = \frac{P_0}{m} e^{i\omega t} \tag{3-5}$$

其通解为

$$x = c_1 e^{s_1 t} + c_2 e^{s_2 t} + X e^{i\omega t} \tag{3-6}$$

式中

$$S_{1,2} = -\alpha \pm \sqrt{\alpha^2 - \omega_n^2} \tag{3-7}$$

通解的前两项描述的是初始干扰引起的自由振动过程，随着 t 的增加而逐渐衰减，最后消失。第三项是周期函数，即系统的受迫振动，其振动频率与干扰力频率相同。

当系统进入稳态以后，有：

$$x = X e^{i\omega t} \tag{3-8}$$

$$\dot{x} = i\omega X e^{i\omega t} \tag{3-9}$$

$$\ddot{x} = -\omega^2 X e^{i\omega t} \tag{3-10}$$

代入式(3-5)，并引入下面的参量：

λ——频率比，激振频率与系统无阻尼固有频率的比值，$\lambda = \dfrac{\omega}{\omega_n}$；

ξ——阻尼比，即系统等效阻尼系数与临界阻尼系数的比值，$\xi = \dfrac{r}{r_c} = \dfrac{\alpha}{\omega_n}$；

r_c——临界阻尼系数，$r_c = 2\sqrt{mk}$

可得出

$$X = \frac{P_0}{k} \times \frac{1}{1 - \lambda^2 + i(2\xi\lambda)} = \frac{P_0}{k}\left[\frac{1 - \lambda^2}{(1-\lambda^2)^2 + 4\xi^2\lambda^2} - i\frac{2\xi\lambda}{(1-\lambda^2)^2 + 4\xi^2\lambda^2}\right] \tag{3-11}$$

$$x = X e^{i\omega t} = \frac{P_0}{k}\left[\frac{1 - \lambda^2}{(1-\lambda^2)^2 + 4\xi^2\lambda^2} - i\frac{2\xi\lambda}{(1-\lambda^2)^2 + 4\xi^2\lambda^2}\right]e^{i\omega t} \tag{3-12}$$

式(3-12)是对系统进入稳态后的振动情况的描述。将其写为

$$x = A e^{i(\omega t + \varphi)} \tag{3-13}$$

式中，A 是受迫振动的振幅，φ 是受迫振动响应的幅角。

由式(3-12)可有

$$A = \frac{P_0}{k}\sqrt{\left[\frac{1-\lambda^2}{(1-\lambda^2)^2 + 4\xi^2\lambda^2}\right]^2 + \left[\frac{2\xi\lambda}{(1-\lambda^2)^2 + 4\xi^2\lambda^2}\right]^2} = \frac{P_0}{k}\frac{1}{\sqrt{(1-\lambda^2)^2 + 4\xi^2\lambda^2}} \tag{3-14}$$

$$\varphi = \tan^{-1}\frac{-\dfrac{2\xi\lambda}{(1-\lambda^2)^2 + 4\xi^2\lambda^2}}{\dfrac{1-\lambda^2}{(1-\lambda^2)^2 + 4\xi^2\lambda^2}} = -\tan^{-1}\frac{2\xi\lambda}{1-\lambda^2} \tag{3-15}$$

式(3-14)是振动响应的幅值（即受迫振动的振幅）的表达式，式(3-15)是振动响应的幅角（即振动响应与激振力之间的相位角）的表达式。

在式(3-14)中，$\dfrac{P_0}{k}$ 是当系统受到数值为 P_0 的静载荷缓慢加载时发生的静位移，而振幅 A 则可看作系统受到模为 P_0 的动载荷加载时发生的动位移，两者的关系是

$$\eta = \frac{A}{\dfrac{P_0}{k}} = \frac{1}{\sqrt{(1-\lambda^2)^2 + 4\xi^2\lambda^2}} \tag{3-16}$$

式(3-16)是振幅与静位移的比值，通常称为动态放大系数或动力放大因子，这时可有

$$A = \eta \frac{P_0}{k} \tag{3-17}$$

通过选择不同的 λ、ξ，可以使 η 大于或小于1，相应地使得振幅大于或小于静位移。

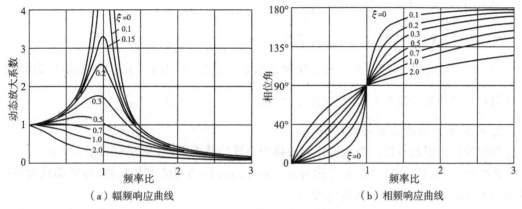

（a）幅频响应曲线　　　　　　　（b）相频响应曲线

图 3-15　幅频和相频响应曲线

根据频率响应函数的各个表达式，可作出系统的动态特性图，常用的有三种，分别是幅频响应曲线和相频响应曲线，实幅频响应曲线和虚幅频响应曲线，谐波响应轨迹。

3. 受迫振动的特性分析

(1) 受迫振动的运动规律：简谐激振时，受迫振动的稳态过程也是简谐振动。

(2) 受迫振动的频率：受迫振动的频率等于激振频率。

(3) 受迫振动的振幅：受迫振动的振幅与系统的静刚度 k、阻尼比 ζ、激振力幅值 P_0 及频率比 λ 有关。

在外界干扰频率不变的条件下 k 和 ξ 越大，P_0 越小，振幅就越小。

受迫振动的振幅在很大程度上取决于频率比 λ，当 λ 约为1时振幅最大，这时称为系统发生谐振（共振），谐振时的振动圆频率称谐振圆频率，用 ω_c 表示，可令 $\dfrac{\partial \eta}{\partial \lambda} = 0$ 求得：

$$\frac{\partial \eta}{\partial \lambda} = 2(1-\lambda^2)\lambda - 4\xi^2\lambda = 0$$

因为 $$\lambda = \sqrt{1-2\xi^2}$$

或 $$\omega_c = \omega_n\sqrt{1-2\xi^2} \tag{3-18}$$

将式(3-18)代入式(3-16)，可求得谐振时的动态放大系数 η_{max}

$$\eta_{max} = \frac{1}{2\xi\sqrt{1-\xi^2}} \qquad (3-19)$$

弱阻尼($\xi < 0.1$)时,$\omega_c = \omega_n$。由于一般工艺系统的阻尼都不大,故通常都近似地把谐振频率作为系统固有频率,这时:

$$\eta_{max} \approx \frac{1}{2\xi} \qquad (3-20)$$

令 $\eta \leqslant 1$,就可得出系统受迫振动的振幅不大于静位移的条件

$$\eta = \frac{1}{\sqrt{(1-\lambda^2)^2 + 4\xi^2\lambda^2}} \leqslant 1 \qquad (3-21)$$

$$4\xi^2 - 2 + \lambda^2 \geqslant 0$$

因此 $\lambda \geqslant \sqrt{2}$ 时,不论 ξ 为何值,η 总不大于1。

$\xi \geqslant \frac{\sqrt{2}}{2}$ 时,不论 λ 为何值,η 也总不大1。

(4)受迫振动的相位角:受迫振动位移总滞后于激振力,当 $\lambda = 1$ 时,不论阻尼为何值,振动位移总是滞后于激振力 $\frac{\pi}{2}$(相位角 $\varphi = -90°$)。

4. 动柔度和动刚度的概念

单位激振力引起系统的振动位移响应称为系统的动柔度,用 $W(i\omega)$ 表示。

产生单位振动位移所需激振力称为动刚度 $k_D(i\omega)$,动刚度也是复数,通常都用动刚度的幅值 $k_D(\omega)$ 来表示系统动刚度的大小。

动柔度是动刚度的倒数,由于动柔度可用幅频响应曲线或谐波响应轨迹直接表达出,并可用测振设备直接测得,因此动力学理论中一般都用动柔度来分析振动响应问题,而用动刚度的大小来说明系统抗振能力的大小。

影响动柔度和动刚度的参数主要是 λ、ξ 和 k,但在不同的频率比范围内,各参数的影响程度不同。

(1)$\lambda < (0.6 \sim 0.7)$ 时,阻尼比的影响较小,这时 $k_D(\omega)$ 主要取决于静刚度 k

$$k_D(\omega) \approx k(1-\lambda^2)$$

当 $\lambda \leqslant 1/3$ 时,$k_D(\omega) \approx k$,因此这区域称为准静态区。在准静态区,增大系统的静刚度是提高系统动刚度最有效的措施。

(2)$0.7 < \lambda < 1.3$ 时,阻尼的影响最大,$\lambda = \sqrt{1-2\xi^2}$ 时系统发生谐振,$k_D(\omega)$ 最小,这个区域一般称为谐振区,这时

$$k_D(\omega)_{min} = 2\xi k\sqrt{1-\xi^2}$$

在谐振区,最好采用改变固有频率等方法来避免系统谐振,同时可用增加阻尼来抑制振幅。

(3)$\lambda > (1.3 \sim 1.4)$ 时,阻尼的影响也较小,故

$$k_D(\omega) \approx k\lambda^2 = m\omega^2$$

在这个频率比范围时决定系统动刚度的是振动体的惯性。因此这个区域称为惯性区,这时提高系统动刚度的最有效措施是增加振动体的质量。

5. 方向因素的影响

前面我们讨论的都是在激振点上与激振力同向的振动运动,对于实际工艺系统,主振方向不一定与激振力同向,需要研究的振动量不一定在激振点上,与激振力、主振方向也不一定同向。

方向因素就是指激振方向、主振方向与需研究的振动量方向三者与系统抗振性的关系。在激振点上与激振力同向的振幅与激振力的比值称为直接动柔度,激振点上与激振力不同向或不在激振点上的振幅与激振力的比值称为交叉动柔度。对于切削加工,往往要研究在切削力方向的激振和切削深度方向(即误差的敏感方向)的响应,这时的动柔度通常称之为有效动柔度。

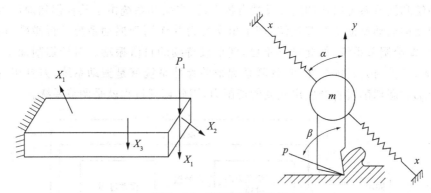

图 3-16 方向因素的影响

下面以切削加工模型为例介绍振动系统中方向因素的影响。如切削系统在 X 方向上的刚度比较低时,则振动最容易在这个方向上发生,该方向也就是主振方向。我们把它简化为图 3-16 所示的单自由度系统。图中切削力矢量 P 是激振力,我们主要考虑 Y 方向(即误差的敏感方向)的振动响应,所以通常是求出有效动柔度 W_e(Y 方向)与主振方向(X 方向)上动柔度 W_x 的关系。

根据动柔度的定义及图 3-16 所示的位向关系可得出

$$W_e = W_x \cos\alpha \cos(\alpha - \beta)$$

由上式可知,方向因素对有效动柔度的影响很大,由此得出对生产实际有重要指导意义的以下结论:

在外界激振条件给定的情况下,改变系统的主振方向可以提高系统抗振能力。当 $\alpha = \frac{\pi}{2}$ 或 $\alpha = \frac{\pi}{2} + \beta$ 时,有效柔度 W_e 最小(即动刚度 K_D 最大),系统抗振能力最强;当 $\alpha = \frac{\beta}{2}$ 或 $\alpha = \frac{\pi}{2} + \frac{\beta}{2}$ 时,有效动柔度 W_e 最大(即动刚度 K_D 最小),系统抗振能力最弱。

3.5.2 切削过程的自激振动

1. 自激振动的机理

切削过程的自激振动也叫切削颤振,具有以下特性:

(1)自激振动与自由振动相比,虽然两者都是在没有外界周期性干扰作用下产生的振动,但自由振动在系统阻尼作用下将逐渐衰减,而自激振动则会从自身的振动运动中吸取能量以补偿阻尼的消耗,使振动得以维持。

（2）自激振动与受迫振动相比,两者都是持续的等幅振动,但受迫振动是从外界周期性干扰中吸取能量以维持振动的,而维持自激振动的交变力是自振系统在振动过程中自行产生,因此振动运动一旦停止,这交变力也相应消失。由此可见,自振系统中必定有一个调节系统,它能从固定能源中吸取能量,把振动系统的振动运动转换为交变力,再对振动系统激振,从而使振动系统作持续的等幅振动:从这个意义上讲,自激振动可看作是系统自行激励的受迫振动。

根据上述分析,自振系统可用图 3 - 17 所示方框图来说明:自振系统是一个由固定能源、振动系统和调节系统组成的闭环反馈自控系统,当振动系统由于某种偶然原因发生自由振动,其交变的运动反馈给调节系统,产生出交变力并作用于振动系统进行激励,振动系统的振动又反馈给调节系统,如此循环不已,就形成持续的自激振动。对于切削加工,机床电机提供能源,工件与刀具由机床、夹具联系起来的弹性系统就是振动系统,刀具相对于工件切入、切出的动态切削过程产生出交变的切削力,因此切削过程就是调节系统。

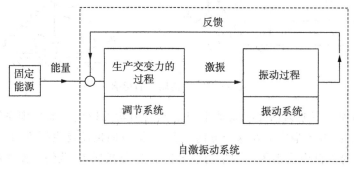

图 3 - 17　自振系统

（3）自激振动的频率和振幅,是由系统本身的参数决定的,在大多数情况下,其频率接近于系统中某主振部件的固有频率。其振幅大小则决定于系统在一个振动周期中所获得能量和阻尼所消耗能量的对比情况。在一个振动周期中,怎样才会有能量输入,以维持切削颤振呢?

切削加工过程中,不可避免地要受到各种非周期性干扰的影响而触发刀具相对于工件作切入、切离的振动运动。由于在切离的半个周期中切削力与运动方向相同,切削力做正功;而在切入的半个周期中切削力与运动方向相反,切削力做负功,因此只要正功大于负功,系统就会有能量输入。

在每一振动周期中有能量输入,维持颤振的条件还不充分,输入系统的能量还必须足以补充系统阻尼所消耗的能量。由于切削颤振的存在是客观现实,所以国内外研究者对维持颤振的条件进行了大量研究,提出了若干解释。

2. 切削颤振的几种主要理论

关于切削颤振的理论,虽已进行了大量的研究并取得不少重要成果,但至今还不完善。这里只扼要地介绍三种比较成熟的解释切削颤振机理的学说。

（1）负摩擦颤振理论

负摩擦颤振是早期解释切削颤振产生原因的一种理论。这个理论认为切削颤振是由于刀具与工件材料间的负摩擦特性而产生的，所谓负摩擦特性也称摩擦力下降特性，是指摩擦系数相对滑动速度的增加而下降的特性。

在切削韧性材料时，刀具前面与切屑间的摩擦系数在一定的滑动速度范围内具有下降特性，因此刀具前面与切屑间的摩擦力将随着相对滑动速度的增加而减小。

由切削原理知道：径向切削力 F_y 和切屑与刀具前刀面间的摩擦力密切相关，切屑与刀具前面间摩擦力的变化，就意味着 F_y 的变化。

图 3-18 是车削加工外圆示意图，图中把系统简化为单自由度系统。

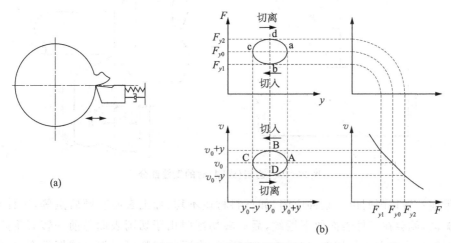

图 3-18　负摩擦颤振原理

稳态切削时，刀尖处于 y_0 位置，切屑以滑动速度 v_0 沿刀具前面流出，这时对应的切削力为 F_{y0}。当切削过程产生振动时，刀具在其平稳位置 y_0 附近沿 y 方向作往复运动。

由于切屑在刀具前刀面上的流向是不变的，刀具切入时，刀具运动方向与切屑流向相反，相对滑动速度增加为 v_0+y（"切入"半周期内相对滑动速度按曲线 ABC 变化），由于摩擦力具有下降特性，径向切削力减少为 F_{y1}（"切入"半周期内径向切削力按曲线 abc 变化）。

刀具切离时运动方向与切屑流向相同，相对滑动速度减少为 v_0-y（"切离"半周期内相对滑动速度按曲线 CDA 变化），径向切削力则增加为 F_{y2}（"切离"半周期内切削力按曲线 cda 变化）。

切入时切削力做负功，其值 $|E_R|$ 为曲线 abc 与横坐标在 $(y_0-y)\rightarrow(y_0+y)$ 区间的面积，切离时切削力做正功，其值 $|E_c|$ 为曲线 cda 与横坐标 $(y-y_0)\rightarrow(y+y_0)$ 区间的面积，可以看出 $|E_c|$ 大于 $|E_R|$，其差值等于曲线 abcda 所包面积，就是一个振动周期中系统所获得的能量补充。当这能量足以补充系统阻尼所消耗的能量时，颤振得以维持。

根据以上分析，在图 3-16(a)所示的弹性系统中，刀具切离过程是切削力使刀具压缩弹簧而使系统储能的过程，即所谓切削力做正功的过程，刀具切入过程则是弹性力使刀具克服切削力的系统能量释放过程，即所谓切削力做负功的过程。如果系统分别在两个半周期中获得的能量和释放的能量相等，将无额外的能量来补充系统阻尼的消耗，就不可能出现颤振，而当系统获得的能量大于释放的能量，就可导致颤振的发生。显然，负摩擦颤振理论的实质就是依据摩擦力的下降特性而提出刀具在切入和切离过程中径向切削力的差异导致系统获得额外能量,以此来解释切削过程中颤振发生的机理。

(2)再生颤振理论

该理论认为切削颤振是由于切削加工过程前后两转的切削表面有部分重叠区时,前一转振动留下振纹的再生效应所激励的。

切削(或磨削)加工时,如切削刃实际切削部分在进给方向上的投影(或砂轮宽度)大于工件每转进给量 f_a 时,前后两转的切削表面就会有部分重叠区 B(图 3-19)。

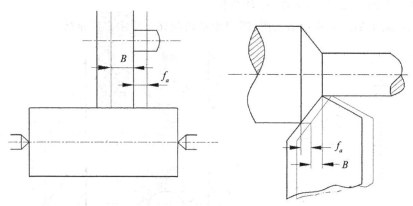

图 3-19　切削(磨削)时的重叠部分

如果前一转切削时由于某种原因,如材料材质不均、加工表面有硬质点等,工件与刀具有相对振动,就会在工件表面留下振纹,后一转切削时由于切削表面与前一转有重叠,刀具将在有振纹的表面上进行切削,如图 3-20 所示,实际的切削厚度就有周期性变化,使得切削力也周期性地变化,则刀具与工件之间又产生相对振动,从而在后一转的加工表面形成新的振纹。

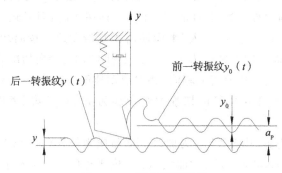

图 3-20　再生颤振原理

这种振纹与动态切削力的反复相互影响作用就称为振纹的再生效应。

由于在每一振动周期中必须有附加能量输入系统以克服系统阻尼,以维持颤振的持续,因此要分析在什么条件下系统才会在每一振动周期中有附加能量输入。

图 3-21 画出了四种情况:图 3-21(a)表示前一转振纹与后一转振纹的相位角 $\varphi = 0$,即同相,前后两转振纹没有相位差;图 3-21(b)表示 $\varphi = \pi$,即反相,前后两转振纹的波峰与波谷交错相对。可以看出在这两种情况下"切入"半周期与"切离"半周期的平均切削厚度都

相等,因而切离时切削力所作正功与切入时切削力所作负功也相等,系统没有能量输入。

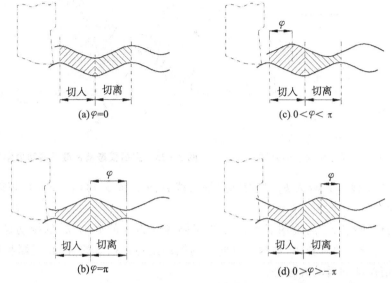

图 3-21 切入、切离时的平均切削厚度与振纹相位角的关系

图 3-21(c)表示 $0<\varphi<\pi$(后一转振纹导前于前一转振纹),这时"切离"半周期中平均切削厚度将小于"切入"半周期中的平均切削厚度,正功小于负功,这意味着消耗的能量更大,系统当然不会输入能量;只有如图 3-21(d)所示 $0>\varphi>-\pi$(即后一转振纹滞后于前一转振纹),这时"切离"半周期中的平均切削厚度才大于"切入"半周期中的平均切削厚度,于是正功大于负功,系统才有能量转入,当输入系统的能量足以补充系统阻尼所消耗的能量时,切削颤振就得以维持。

(3)主振模态耦合颤振理论

某些切削加工,如车削螺纹或用宽刃刀车削方牙螺纹的外圆(图 3-22),这时没有前后转的重叠,完全不存在再生颤振的条件,却也经常发生颤振。实验表明,这种情况下产生的颤振,刀尖与工件相对运动的轨迹是一个形状和位置都不十分稳定的、封闭的近似椭圆,说明这种颤振是一个多自由度系统的振动问题。

因此,主振模态耦合理论认为:工艺系统作为一个多自由度系统,在一定条件下,它在各个自由度上的振动的相互联系,造成了一个向振动系统输送能量的条件,从而使颤振得以维持,这种情况就叫模态耦合。

为了便于阐明主振模态耦合颤振原理,我们把工艺系统简化为十分简单的两自由度的动力学模型(图 3-23)。

设工件不动,主振系统是刀具系统,其等效质量 m 支承在相互垂直的、等效刚度系数分别为 k_1、k_2 的两组弹簧上。

弹簧的轴线 x_1、x_2 称为刚度主轴,表示系统的两个自由度方向。

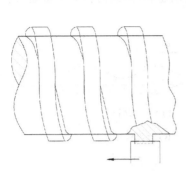

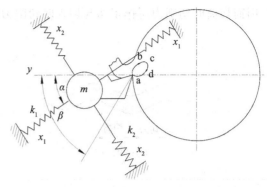

图 3 - 22　宽刃刀车削方牙螺纹的外圆　　图 3 - 23　主振模态耦合颤振的动力学模型

设 x_1（其等效刚度系数为 k_1）与切削点处法线方向 Y 成 α 角（$\alpha < \pi/2$），切削力 F 与 Y 轴的夹角为 β。

系统在某种偶然因素的扰动下使 m 发生了圆频率为 ω 的振动，m 的振动是由 x_1 和 x_2 两个方向上的简谐振动所合成，这两个方向上的振动是各自独立的，因此振幅和相位都不相同，设两个简谐振动的运动方程是：

$$x_1(t) = x_1 e^{i(\omega t - \varphi 1)}$$
$$x_2(t) = x_2 e^{i(\omega t - \varphi 2)}$$

根据动力学理论不难得出以下结论：

（1）m 的振动运动轨迹（即刀尖的运动轨迹）是一个椭圆。

（2）当 $k_1 < k_2$，m 的运动方向是顺时针方向。

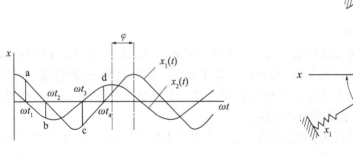

图 3 - 24　$k_1 < k_2$，$0 < \alpha < \beta$ 时刀尖的振动运动轨迹

如图 3 - 24 所示，刀尖在振动过程中按顺时针方向沿椭圆轨迹运动，在"切入"半周期中其平均切削厚度就小于"切离"半周期中的平均切削厚度，因此切削力在"切离"时所作正功大于"切入"时所作负功，系统就有能量输入，如这能量足以补偿系统阻尼的消耗，颤振就得以维持。

（3）当 $k_1 > k_2$，m 的运动方向是逆时针方向。

如图 3 - 25 所示，刀尖在振动过程中按逆时针方向沿椭圆轨迹运动，在"切入"半周期中其平均切削厚度就大于"切离"半周期中的平均切削厚度，则切削力在"切入"半周期中所作负功将大于"切离"半周期中所作正功，因此系统不可能有能量输入，也就不可能发生颤振。

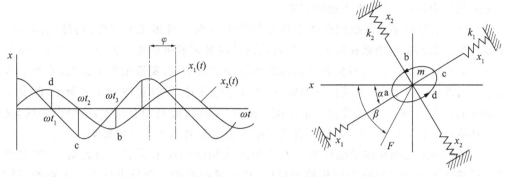

图 3-25 $k_1 > k_2, 0 < \alpha < \beta$ 时刀尖的振动运动轨迹

根据上面的分析,可得出结论:当振动系统的低刚度主轴落在切削点法线 Y 和切削力方向之间时,主振模态耦合颤振才有可能发生。上述结论已得到实验结果的证实。

3.6 消振减振的基本途径

3.6.1 机械加工振动类型的判别

当切削过程出现振动影响加工质量时,首先应判别振动是属于受迫振动还是颤振,然后才能采取相应的消振减振措施。

受迫振动和颤振同样会在工件表面留下振纹,不易区别。但这两类振动的特征不同,颤振只有在切削过程中才会发生,其频率接近系统某主振部件的固有频率。受迫振动则是由外界持续激振所激励的,除切削不均匀性引起的受迫振动外,与切削过程是否进行无关,其频率等于外界干扰的频率。根据上述特征,只要在停机时或机床空运转时检查刀具与工件处于加工位置时是否有振动,其频率是否与切削过程出现的振动频率相同或接近,这样就往往可判别是否属于受迫振动,振源是来自机内还是机外。

进行切削试验,也可帮助我们判别振动类型,其方法是改变切削用量或更换、重新刃磨刀具进行切削,看振幅和频率是否变化。如果是机外振源或主传动系统以外振源引起的受迫振动,改变切削用量和更换刀具,一般都不会引起振幅和频率的改变。如果振源在主传动系统,改变转速后振动频率将随振源转速的改变而正比地变化。改变转速后如振动显著减轻,主要振源很可能就是这时不工作的那副齿轮。如果是断续切削的冲击引起的受迫振动,其频率应与工件或刀具转速的改变成正比地变化,(改变铣刀齿数,振动频率也相应变化),同时其振幅大小也应与切削用量有关。如果是颤振,改变转速后其频率一般只是在很小范围内略有变化,而且增大进给量和减少切深时会因动态切削力的减小而使振动减弱。

3.6.2 受迫振动的消振减振措施

受迫振动的振幅,在很大程度上取决于频率比,避免发生谐振就可大大减小振幅。此外,增加系统静刚度和阻尼、减小激振力都可收到减振效果。

(1)消除或减小机内振源的激振力 根据查找出的振源,采取相应的措施以消除或减小振源的激振力,就可从根本上解决问题。

(2)改变激振频率或系统固有频率以避免发生谐振　机床主要部件、构件的固有频率必须远离各种机内振源的激振频率,这是机床设计时必须解决的重要问题。但工件、夹具系统的固有频率往往有可能与机内某些振源的激振频率相接近,要避免发生谐振,不外乎改变激振频率或改变工件、夹具系统的固有频率,改变主轴转速,往往可改变激振频率,改变工件夹具系统的固有频率,一般可提高其静刚度。这样,不仅可提高固有频率,避开谐振区,又提高系统动刚度,直接减小振幅,而且还有利于减少静变形对加工精度的影响。

(3)减小冲击切削对振动的影响　对于因断续切削的冲击而引起的振动,增加刀齿数或采用顺铣加工都能提高铣削过程的平稳性,从而减轻振动。此外设计不等齿距的端铣刀也可减小冲击切削引起的受迫振动,不得已时,可降低切削用量以减小冲击切削的激振力。

(4)采用减振装置(详见下节)

(5)隔振　对外部振源或某些振动较大的机床部件,可用隔离振源的方法来减振,振源的隔离包括两种方式:阻止振动由振源传出以免影响其他设备,称为主动隔振;阻止外来振源的振动传入以免影响本设备,称为被动隔振。

隔振时,振动系统的刚度系数远大于隔振装置,因此振动系统本身的弹簧和阻尼可以忽略,其动力学模型如图 3-26 所示,图中 m 为需隔离系统的等效质量,k、r 分别为隔振装置的等效刚度系数和等效阻尼系数。

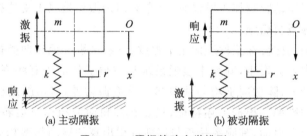

图 3-26　隔振的动力学模型

3.6.3　切削颤振的抑制

系统是否发生颤振,与切削过程及工艺系统动柔度有关,这里从工艺角度出发,主要以车削为例,介绍抑制切削颤振的基本途径。

(1)合理选择切削用量

在中等切削速度时(例如车削时 $v=20\sim60\mathrm{m/min}$)最容易发生颤振,因此,选择低速或高速进行切削均可避免颤振。一般多采用高速,既可避免颤振,又可提高生产率,并能减小表面粗糙度。

增大进给量可减小重叠系数,又使系统的阻尼作用增加,有利于抑制颤振。因此,可在加工表面粗糙度和进给机构刚度、强度许可的条件下,尽量取较大的进给量。减小切深,可减小动态切削力,减振效果极为显著,但会降低生产率,常用增大进给量和切削速度来补偿。

(2)合理选择刀具几何参数

增大主偏角(不超过 90°)则径向切削力减小,同时可减少实际切削宽度和重叠系数,对减振有很好的效果。适当增大前角亦可减小动态切削力。但高速切削时前角的变化对振动的影响不大。采用双前角车刀,可利用第一前面宽度来控制刀具与切屑的接触长度,对抑制颤振有良好的效果。后角减小对振动有一定的抑制作用,为不使后刀面与工件间产生太大的摩擦,可在后刀面上磨出负倒棱。这种车刀只能用以抑制工件系统的低频振动,如车刀系统发生高频颤振,这种车刀反而会使振动增大。

（3）提高工艺系统的抗振性能

增加静刚度和阻尼,都可提高工艺系统的抗振性能。从提高系统抗振性的角度,还应注意,首先要了解系统的动态特性,掌握其薄弱环节,重点是提高薄弱环节在主振方向的静刚度,在增加系统静刚度的同时要注意减轻其重量,这样就可进一步提高系统的固有频率,更有利于提高抗振性。此外,某些构件的某些部分对系统静刚度似乎影响不大,但它对系统的动态特性却有很大影响,例如车床的底座,如只考虑静态切削力时对静刚度无甚影响,但它的刚度和与地基的接合刚度对机床最基本的振动模态——"整机摇晃"却有极大的关系。

系统的阻尼绝大部分来自接合面的摩擦阻尼,对于各活动接合面,调节适当的间隙和预紧力,并在接合面处保持良好的润滑油膜是增加阻尼极有效的手段。对于固定接合面,如能使其在主振方向能产生微量的相对滑动,虽然对接触刚度有所降低,但由于增加了阻尼,系统的抗振能力却往往可得到提高,因此应综合地加以考虑。

合理地安排系统低刚度主轴位置,对提高系统抗振性有良好的效果,例如:车削时发生了颤振,可将车刀反装,工件反转进行切削,由于改变了切削力方向和系统低刚度主轴的相对位置,往往可达到消振的目的。

3.6.4　减振装置

减振装置结构轻巧,使用方便,对消除受迫振动和切削颤振同样有显著的效果,故日益广泛地得到应用。常用的减振装置有:

（1）阻振器　阻振器是用来增加振动系统的阻尼,系统振动时,通过阻尼的作用来消耗振动能量,达到减振的目的。图3-27是车床用的阻振器。图3-27(a)是固体摩擦阻振器,是利用消振杆4和密封圈6间的摩擦阻尼来减振的。图3-27(b)是液体摩擦阻振器,当活塞随工件振动时,把油液从油缸的一腔经节流阀压向另一腔,利用油液通过节流孔的阻尼来减振。图3-28是用以减小主轴振动的阻振器,它相当于一个间隙很大的滑动轴承,通过其间隙中油液的黏滞阻尼作用来减振。

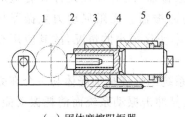

（a）固体摩擦阻振器

1-滚动轴承；2-工件；3-触头；
4-消振杆；5-壳体；6-密封圈

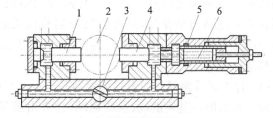

（b）液体摩擦阻振器

1、4、5-活塞；2-工件；3-节流阀；6-弹簧

图3-27　车床用的阻振器

　　阻尼的减振效果与运动的快慢和行程大小有关,运动越快、行程越长则减振效果越好,故阻振器应装在振动体相对运动最大处。

　　阻振器的减振效果还随阻尼的增加而增强,但过大的阻尼会使效率降低,因而也是不适宜的。

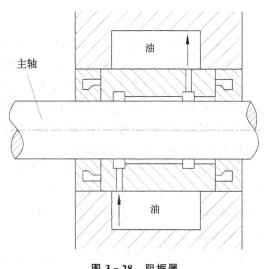

图 3 - 28　阻振器

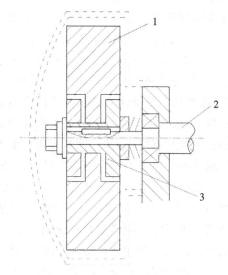

图 3 - 29　摩擦减振器
1-飞轮;2-主轴;3-摩擦盘

　　(2) 摩擦减振器　这种减振器也是利用摩擦阻尼来消耗振动能量,但与上述阻振器不同,它不是阻尼越大减振效果越好,而是根据元件间的相对运动关系,有一个最佳阻尼值。图 3 - 29 是减小主轴扭振用的摩擦减振器,主轴没有扭振时,飞轮随同主轴匀速转动,主轴发生扭振时,飞轮惯性较大,不能随同主轴一起振动,飞轮与摩擦盘间的摩擦阻尼就起减振作用。这时摩擦力矩必须适当,摩擦力矩太大,则飞轮与主轴同步运动,就不会产生摩擦阻尼,不起减振作用,摩擦力矩太小,减振效果又太小,也不能满足要求。因此要反复调整弹簧压力,使摩擦力矩达到一个最佳数值。

　　(3) 动力减振器　动力减振器相当于在原振动系统(称主系统)上附加一个振动系统。当附加系统受主系统的振动激励,也发生振动时,在附加系统与主系统的动态参数良好匹配的条件下,附加系统作用于主系统的动态力能最大限度地抵消激振力,从而消除或减小主系统的振动。常用的动力减振器视附加质量与主系统的连接形式分为三种类型,附加质量与主系统之间只有弹性元件时称无阻尼动力减振器;既有弹性元件又有阻尼元件则称为阻尼动力减振器,只有阻尼时则称纯阻尼动力减振器。无阻尼动力减振器只能在很窄的频带范围内起抑制振动的作用,适用于激振频率变化很小的情况,故其应用有较大的局限。

　　(4) 冲击式减振器　冲击式减振器是由一个与振动系统刚性连接的壳体和一个在壳体内可自由冲击的质量块组成,系统振动时,自由质量块反复冲击振动系统而消耗振动能量,以收到减振效果。

　　图 3 - 30 是冲击式减振镗杆,冲击块的质量一般取镗杆外伸部分的 1/10～1/8,材料用密度和刚度较高的淬火钢或硬质合金,也可做成钢套灌铅的形式,以增加冲击块的质量。冲

击块和孔的径向间隙最好通过试验确定,以取得最佳的减振效果。由于冲击式减振器结构简单、重量轻、体积小,并可在较大的频率范围内使用,因此应用范围很广。

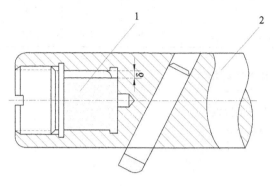

图 3 - 30   冲击式减振镗杆

1-冲击块;2-镗杆

习题与思考题

1. 机械加工表面质量包括哪几方面?

2. 机械加工表面质量如何影响零件疲劳强度?

3. 车削外圆,刀具主偏角 $K_r = 45°$,副偏角 $K_r' = 25°$,要求加工表面凸凹起伏的最大高度为 0.006 3mm,若不考虑刀尖圆弧部分,根据被加工表面残留面积高度的计算公式,可采用的走刀量 f 的最大值 f_{max}(mm/r)是多少?

4. 切削过程中主要有哪些物理方面的原因会影响表面粗糙度?

5. 什么是表面波度,有何特征?

6. 切削过程中影响表面粗糙度的物理方面的原因主要有哪些?

7. 已加工表面为何会出现表面冷硬?

8. 什么是磨削烧伤?

9. 刨削一个平板钢件,在切削力作用下被加工表面发生冷态塑性变形,表面层金属的密度由 $7.87 \times 10^3 \text{kg/m}^3$ 变为 $7.735 \times 10^3 \text{kg/m}^3$,在工件表面将产生何种残余应力,数值多大?

10. 精密加工工艺与光整加工工艺有何不同?

11. 表面强化工艺有何作用?

12. 工艺系统受迫振动的内部振源主要有哪几种?

13. 弹性系统受周期力 $P \sin\omega t$ 作用发生受迫振动,当 $\omega = 160\pi$ 时共振发生,此时测出系统振幅为 1.8mm,当 $\omega = 135\pi$ 时,测出系统振幅为 1.4mm,则该系统的阻尼比 ξ 是多少?

14. 弹性系统受周期力 $P \sin\omega t$ 作用发生受迫振动,当共振发生时测出系统振幅为 1.9mm,当 ω 是弹性系统固有频率的一半时,测出系统振幅为 1.2mm,求出系统的阻尼比 ξ,在本题给定的参数条件下,若要减少振动,调整什么参数比较有效?

15. 如何根据激振频率与系统固有频率的关系确定合理的消振减振措施。

16. 某机床的振动测试参数如下：

	空运转状态			切削状态			
幅值/(mm/s²)	7.2	4.4	5.5	1.1	2.3	7.8	5.5
频率/Hz	165.4	312.0	547.6	165.4	312.0	427.5	547.6

判断是否有自激振动，其频率是什么。

17. 再生颤振理论的主要论点是什么？

18. 如何区分主动隔振与被动隔振？

19. 动力减振器的工作原理是什么？

4 机械加工工艺过程与工艺规程制订

4.1 机械加工工艺过程

4.1.1 机械加工工艺系统

机械加工工艺系统由金属切削机床、刀具、夹具和工件四个要素组成,它们彼此关联、互相影响,该系统的整体目的是在特定的生产条件下,在保证机械加工工序质量和产量的前提下,采用合理的工艺过程,降低工件的加工成本,因此,必须从组成机械加工工艺系统的机床—刀具—夹具—工件这四个要素的"整体"出发,分析和研究各种有关问题,才可能实现系统的工艺最佳化方案。

随着信息科学与机械制造科学的不断融合,出现了各种新型的机械加工技术,要实现系统最优化,除了考虑坯料由上工序输入本工序并经过存储、机械加工和检测,然后作为本工序加工完成的零件输出给下道工序这种物质流动的流程(称之为"物质流")外,还必须充分重视并合理编制包括工艺文件、数控程序和控制模型等控制着物质系统工作的信息的流程(称之为"信息流")。

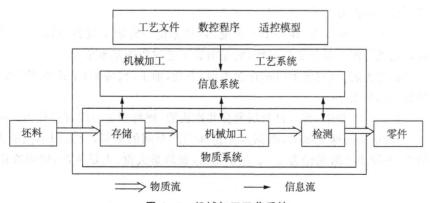

图 4-1　机械加工工艺系统

如果以一个零件的机械加工工艺过程作为一个系统来分析,那么该系统的要素就是组成工艺过程的各个工序。

对于一个机械制造厂来说,除机械加工外,还有铸造、锻压、焊接、热处理和装配等工艺,各种工艺都可形成各自的工艺系统。

4.1.2　工艺过程与工艺规程

在各种生产过程中,不仅包括直接改变工件形状、尺寸、位置和性质等的主要过程,还包括运输、保管、磨刀、设备维修等辅助过程。

生产过程中,按一定顺序逐渐改变生产对象的形状(铸造、锻造等)、尺寸(机械加工)、位置(装配)和性质(热处理),使其成为预期产品的过程称之为工艺过程。

工艺过程又可具体地分为铸造、锻造、冲压、焊接、机械加工、热处理、电镀、装配等工艺过程,本章的内容主要是研究机械加工工艺过程中的一系列问题。

工件依次通过的全部加工过程称为工艺路线或工艺流程。工艺路线是制订工艺过程和进行车间分工的重要依据。

可以采用不同的工艺过程来达到工件最后的加工要求,技术人员根据工件产量,设备条件和工人技术情况等,确定采用的工艺过程,并将有关内容写成工艺文件,这种文件就称为工艺规程。

工艺规程一旦制订,有关人员就必须严格按工艺规程办事,如果经过工艺试验,需要更改工艺文件时,必须经过一定的审批手续。

制订工艺规程的传统方法是技术人员根据自己的知识和经验,参考有关技术资料来确定。随着计算机技术、信息技术、数据库技术广泛地引入机械制造领域,目前,国内外愈来愈多地研究和采用计算机辅助编制工艺规程技术。它使繁杂、落后的工艺规程制订工作,实现最佳化、系统化和现代化,这是一个值得进一步研究和推广的新方法。

4.1.3　工艺过程的组成

要制订工艺规程,就要了解工艺过程的组成。

1. 工序、工步和走刀

工序——一个或一组工人、在一个工作地(通常是指一台加工设备)对同一个或同时几个工件所连续完成的那一部分工艺过程,它是组成工艺过程的基本单元。

工步——在加工表面(或装配时的连接表面)不变,加工(或装配)工具不变的情况下,所连续完成的那一部分工序。

走刀——在一个工步中,有时材料层要分几次去除,则每切去一层材料称为一次走刀。

如图 4-2 所示的阶梯轴加工,根据其产量和生产车间的不同,应采用不同的方案来加工。属于单件、小批生产时采用表 4-1 方案加工,如果是大批、大量生产,则应改用表 4-2 方案加工。

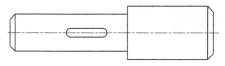

图 4 - 2 阶梯轴

表 4 - 1 单件、小批生产工艺过程

工序	内容	设备
1	车端面,打中心孔,调头车另一端面,打中心孔	车床
2	车大外圆及倒角,调头车小外圆及倒角	车床
3	铣键槽,去毛刺	铣床

表 4 - 2 大批、大量生产工艺过程

工序	内容	设备
1	铣两端面,打中心孔	专用车床
2	车大外圆及倒角	车床
3	车小外圆及倒角	车床
4	铣键槽	键槽铣床
5	去毛刺	钳工台

在表 4 - 1 中,工序 1 和 2 由于加工表面和刀具依次都在改变,所以这两个工序都包括四个工步。工序 3 中铣键槽工步往往需要多次走刀来完成;除去毛刺工作则由钳工在铣键槽工序后用手工连续完成,所以是同一工序中的另一工步。

在表 4 - 2 中,大批、大量生产时,为提高效率,两端面和中心孔往往在专用的、能双面铣端面并打中心孔的机床上作为一道工序来完成。

大、小外圆及其倒角则用定距对刀法分别在两个工序中完成(一批工件先全部车完大外圆,再依次车小外圆,若不在同一台车床上加工,显然是两个工序,即使是在同一台车床上加工,加工完所有工件的大圆后需要重新对刀以加工小圆,大、小外圆加工不是连续的,亦属于两个工序)。此外,去毛刺工序亦应考虑由钳工专门完成,以免占用铣床工时,工作地点变了,所以是另外的工序。

2. 安装和工位

安装——同一工序中,工件在机床或夹具中每定位和夹紧一次,称为一次安装。表 4 - 1 中的工序 1 和 2 都是二次安装。

工位——为了完成一定的工序内容,一次装夹工件后,工件(或装配单元)与夹具或设备的可动部分一起相对刀具或设备的固定部分所占据的某一个位置称为工位。

采用多工位夹具、回转工作台或在多轴机床上加工时,工件在机床上一次安装后,就要经过多工位加工。采用多工位加工可减少工件的安装次数,从而缩短了工时,提高了效率。多工位、多刀或多面加工,使工件几个表面同时进行加工,亦可看作一个工步,这就称为复合工步。

4.2 生产纲领和生产类型

4.2.1 生产纲领

生产纲领是企业在计划期内(一般按年度)应当生产的产品产量和进度计划。

生产纲领中应计入备品和废品的数量。产品的生产纲领确定后,就可根据各零件在产品中的数量,供维修用的备品,在整个加工过程中允许的总废品率来确定本件的生产纲领。

在成批生产中,当零件年生产纲领确定后,就要根据车间具体情况按一定期限分批投产,每批投产的零件数称为批量。

4.2.2 生产类型

根据产品的大小、特征、生产纲领、批量及其投入生产的连续性,传统上可分为三种不同的生产类型:

(1) 单件、小批生产 每一产品只做一个或数个,一个工作地要进行多品种和多工序的作业。重型机器、大型船舶的制造和新产品的试制属于这种生产类型。

(2) 成批生产 产品周期地成批投入生产,一个工作地顺序分批地完成不同工件的某些工序。通用机床(一般的车、铣、刨、钻、磨床)的制造往往属于这种生产类型。

(3) 大批、大量生产 产品连续不断地生产出来。每一个工作地用重复的工序制造产品(大量生产),或以同样方式按期分批更换产品(大批生产)。

汽丰、拖拉机、轴承、缝纫机、自行车等的制造属于这种生产类型。

生产类型决定于生产纲领,但亦和产品的大小和复杂程度有关。

表 4-3 生产类型与生产纲领的关系

生产类型	重型机械	中型机械	小型机械
单件生产	<5	<20	<100
小批生产	5～100	20～200	100～500
中批生产	—	200～500	500～5 000
大批生产	—	500～5 000	5 000～50 000
大量生产	—	>5 000	>50 000

表 4-4 各种生产类型工艺过程的特点

特　点	单件生产	成批生产	大量生产
零件互换性	配对制造,无互换性,广泛用钳工维修	普遍具有互换性,保留某些适配	全部互换,某些高精度配合件采用分组选择装配,配磨或配研
毛坯制造与加工余量	木模手工制造或自由锻造,毛坯精度低,加工余量大	部分用金属模或模锻,毛坯精度及加工余量中等	广泛采用金属模机械造型、模锻或其他高效方法,毛坯精度高,加工余量小

续表

特　点	单件生产	成批生产	大量生产
机床设备及布置	通用设备，按机群式布置	通用机床及部分高效专用机床，按零件类别分工段排列	广泛采用高效专用机床及自动机床，按流水线排列或采用自动线
夹具	多用通用夹具，极少用专用夹具，由画线试切法保证尺寸	专用夹具，部分靠画线保证尺寸	广泛采用高效夹具，靠夹具及定程法保证尺寸
刀具与量具	采用通用刀具及万能量具	较多采用专用夹具及量具	广泛采用高效专用刀具及量具
对工人技术要求	熟练	中等熟练	对操作工人一般要求，对调整工人技术要求高
工艺规程	只编制简单的工艺过程卡	有较详细的工艺规程，对关键零件有详细的工序卡片	详细编制工艺规程及各种工艺文件
生产率	低	中	高
成本	高	中	低
发展趋势	箱体类复杂零件采用加工中心加工	采用成组技术，由数控机床或柔性制造系统等加工	在计算机控制的自动化制造系统中加工，并可能实现在线故障诊断、自动报警和加工误差自动补偿

由于大批、大量生产广泛采用高效的专用机床和自动机，按流水线排列或采用自动线进行生产，因而可以大大地降低产品成本，增加产品在市场上的竞争能力，但是，上述适用于大批、大量生产传统的"单机"和"生产线"，都具有很大的"刚性"（指专用性），很难改变原来的生产对象，来适应新产品生产的需要。

随着科学技术的飞速发展，功能更完善、效能更高的新产品不断涌现，同时，随着人们生活水平的不断提高，消费者对产品性能、品种的要求愈来愈高，产品升级换代愈加频繁，从而导致产品能获得较高利润的"有效寿命"越来越短，这就要求机械制造业能找到既能高效生产又能快速转产的"柔性"制造方法。由于计算机技术、信息技术在机械加工领域中获得越来越广泛的应用，为机械产品多品种、变批量的生产开拓了广阔的前景，使制造企业能对市场需求做出快速反应。

4.3　机械加工工艺规程概述

4.3.1　工艺规程的作用

把零件加工的全部工艺过程按一定格式写成书面文件就叫做工艺规程。

工艺规程有以下作用：

（1）它是组织生产和计划管理的重要资料，生产安排和调度、规定工序要求和质量检查等都以工艺规程为依据，制订和不断完善工艺规程有利于稳定生产秩序，保证产品质量和提高生产效率，并充分发挥设备能力，一切生产人员都应严格执行和贯彻，不应任意违反或更改工艺规程的内容。

（2）它是新产品投产前进行生产准备和技术准备的依据，例如刀、夹、量具的设计、制造或采购原材料、半成品及外购件的供应及设备、人员的配备等。

（3）在新建和扩建工厂或车间时，必须有产品的全套工艺规程作为决定设备、人员、车间面积和投资预算等的原始资料。

（4）行之有效的先进工艺规程还起着交流和推广先进经验的作用，有利于其他工厂缩短试制过程，提高工艺水平。

工艺规程的制定应能保证可靠地达到产品图纸所提出的全部技术要求，获得高质量、高生产效率，并能节约原材料和工时消耗，不断降低成本。此外工艺规程还应努力减轻工人劳动强度，保证安全和良好的工作条件。

工艺文件的形式多种多样，繁简程度也有很大区别，主要决定于生产类型。

在单件小批生产中一般只编制综合工艺过程卡，供生产管理和调度用。至于每一工序具体应如何加工，则由操作者自己决定，对关键或复杂零件才制订较为详细的工艺规程。

在成批生产中多采用机械加工工艺卡片。

大批量生产中则要求完整和详细的文件，除工艺过程卡外，对各工作地点要制订工序卡片或分得更细的操作卡、调整卡以及检验卡等。

各工厂采用的工艺文件并无统一格式，但基本内容大同小异。一般机械加工工序卡如表4-5所示。随着计算机辅助工艺规程（CAPP）的发展，工艺文件的电子文档已逐渐规范化。

表4-5　机械加工工序卡

机械加工工序卡片		产品型号		零件图号					
		产品名称		零件名称			共　页	第　页	
		材料牌号	工序号	工序名称		车间			
		毛坯种类	毛坯外形尺寸	每毛坯可制件数		每台件数			
		设备名称	设备型号	设备编号		同时加工件数			
		夹具编号		夹具名称		切削液			
		工位器具编号		工位器具名称		工序工时			
						准终	单件		

工步号	工步内容	工艺装备	主轴转速(r/min)	切削速度(m/min)	进给量(mm/r)	背吃刀量(mm)	进给次数	工步工时	
								机动	辅助
描校									
描图									
底图号									
装订号				设计(日期)	审核(日期)	标准(日期)	会签(日期)		
	标记	更改文件号	处数	签字	日期				

4.3.2　制订工艺规程的原始资料

下列原始资料是制订工艺规程的依据和条件：

(1) 零件工作图,包括必要的装配图；

(2) 零件的生产纲领和投产批量；

(3) 本厂生产条件,如设备规格、功能,精度等级,刀、夹、量具规格及使用情况,工人技术水平,专用设备和工装的制造能力；

(4) 毛坯生产和供应条件。

4.3.3　制订机械加工工艺规程的步骤

1. 分析研究产品的装配图和零件图,进行工艺审查。

工艺检查的内容除了检查尺寸、视图及技术条件是否完整外,主要是：

(1) 审查各项技术要求是否合理　过高的精度、表面粗糙度及其他要求会使工艺过程复杂,加工困难,成本提高。

(2) 审查零件的结构工艺性是否合适　应使零件结构便于加工和安装,尽可能减少加工和装配的劳动量。

(3) 审查材料选用是否恰当　在满足零件功能的前提下,应选用廉价材料。材料选择还应立足国内,尽量采用来源充足的材料,不得滥用贵重金属。例如镍、铬是我国稀有的贵重合金元素,在可能条件下尽量不用或少用。例如采用 65Mn 合金结构钢代替 40Cr 钢,可满足磨齿机砂轮主轴机械性能的要求。

工艺审查中对不合理的设计应会同有关设计者共同研究,按规定手续进行必要的修改。

2. 确定毛坯。

制造机械零件的毛坯一般有铸件、锻件、型材、焊接件等,这些毛坯余量较大,材料利用率低。目前无切削加工有了很大的发展,如精密铸造、精锻、冷轧、冷挤压、粉末冶金、异型钢材及工程塑料等都在迅速推广。由这些方法或材料制造的毛坯精度大为提高,只要经过少量机械加工甚至不需加工,可大大节约机械加工劳动量,提高材料利用率,经济效果非常显著。

因此毛坯选择对零件工艺过程的经济性有很大影响。工序数量、材料消耗、加工工时都在很大程度上取决于所选择的毛坯。但要提高毛坯质量往往使毛坯制造困难,需采用较复杂的工艺和昂贵的设备,增加了毛坯成本。这两者是互相矛盾的,因此毛坯种类和制造方法的选择要根据生产类型和具体生产条件决定。同时应充分注意到利用新工艺、新技术、新材料的可能性,使零件生产的总成本降低,质量提高。

3. 拟定工艺路线(过程)。

拟定工艺路线即订出全部加工由粗到精的加工工序,其主要内容包括选择定位基准、定位夹紧方法及各表面的加工方法,安排加工顺序等。这是关键性的一步,一般需要提出几个方案进行分析比较。

4. 确定各工序所采用的设备。

选择机床设备的原则是：(1)机床规格与零件外形尺寸相适应；(2)机床精度与工件要求

的精度相应;(3)机床的生产率与零件的生产类型相适应;(4)所选机床与现有设备条件相适应。如果需要改装设备或设计专用机床,则应提出设计任务书,阐明与加工工序内容有关的参数、生产率要求,保证产品质量的技术条件以及机床的总体布置形式等。制定工艺规程一方面应符合本厂具体生产条件,另一方面又应充分采用先进设备和技术,不断提高工艺水平。

　　5. 确定各工序所需的刀、夹、量具及辅助工具,即选择工艺装备。

　　6. 确定各主要工序的技术检验要求及检验方法。

　　7. 确定各工序的加工余量,计算工序尺寸。

　　8. 确定切削用量。

　　合理的切削用量是科学管理生产,获得较高技术经济指标的重要前提之一,切削用量选择不当会使工序加工时间增多、设备利用率下降、工具消耗量增加,从而增加了产品成本。

　　单件小批生产中为了简化工艺文件及生产管理,常不具体规定切削用量,但要求操作工人技术熟练。大批量生产中对组合机床、自动机床及某些关键精密工序,应科学地、严格地选择切削用量,用以保证节拍均衡及加工质量要求。

　　9. 确定时间定额。

　　10. 填写工艺文件。

4.4　结构工艺性

4.4.1　结构和工艺的联系

　　生产实践证明,同一产品可以有多种不同结构,所需花费的加工量也大不相同。所谓结构工艺性就是指机器和零件的结构是否便于加工、装配和维修,在满足机器工作性能的前提下能适应经济、高效制造过程的要求,达到优质、高产、低成本,这样的设计就是具有良好的结构工艺性。因此在进行产品设计时除了考虑使用要求外,必须充分考虑制造条件和要求,在许多情况下,改善结构工艺性,可大大减少加工量,简化工艺装备,缩短生产周期并降低成本。

　　结构工艺性衡量的主要依据是产品的加工量、生产成本及材料消耗,具体分析比较可以下述各项特征来考虑,如机器或零件结构的通用化、标准化程度,老产品零、部件的重复利用程度,平均加工精度和表面粗糙度系数,关键零件工艺的复杂程度,材料利用率,能否划分为独立的制造单元,减少加工时间以及采用自动化加工方法的可能性。

　　结构工艺性具有综合性,必须对毛坯制造、机械加工到装配调试的整个工艺过程进行综合分析比较,全面评价,因为对某道工序有利的结果可能引起毛坯制造困难,某个零件结构工艺性改善,可能提高了其他有关零件的加工难度。此外结构工艺性还概括了使用和维修要求,也就是要便于装拆,以利于迅速更换和修理。

　　结构工艺性具有相对性,对不同生产规模或具有不同生产条件的工厂来说,对产品结构工艺性的要求是不同的。例如某些单件生产的产品,要扩大产量按流水生产线来加工,可能是很困难的,按自动线生产更是不可能。

　　图 4-3(a)所示零件需在插齿机上加工内齿,为成批生产类型。如果要大批生产,应改为图 4-3(b)结构,以便可采用高生产率的拉削加工。又如同样是单件小批生产的工厂,若分别以拥有数控机床和万能机床为主,两者在制造能力上差异很大。现代技术的发展提高

了制造能力,以前难于制造的产品完全可以采用新工艺、新技术来完成。但是对于数控机床和目前正在发展的柔件制造系统来说,由于设备费用昂贵,更需改善零件结构工艺性,缩短辅助工时,提高机床利用率。

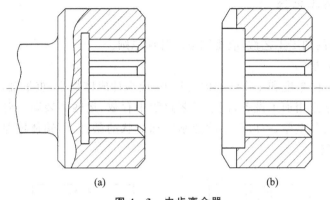

(a)   (b)

图 4 - 3   内齿离合器

4.4.2 毛坯结构工艺性

机械零件广泛采用铸造毛坯,按质量计算,铸件约占毛坯总量的70%~85%。其次是锻件、冲压件、各种型材和焊接件。零件结构对毛坯制造的工艺性影响很大。总的说来,零件结构应符合各种毛坯制造方法的工艺性要求。本节主要讨论铸件和锻件的结构工艺性问题。

零件毛坯的铸造工艺性主要应避免由结构设计不良引起的铸造缺陷,并使铸造工艺过程简单,操作方便。为此应遵循下述各项原则:

(1)铸件形状尽量简单,以利于模型、泥芯及熔模的制造,避免不规则分型面。内腔形状应尽量采用直线轮廓,减少凸起,以减少泥芯数,简化操作。

(2)铸件的垂直壁或肋都应有拔模斜度,内表面斜度大于外表面,以便取出模型和泥芯。

(3)为防止浇注不足,铸件壁厚不能大小,应依据铸件尺寸来确定,也与材料和铸造方法有关,一般可按下式估计

$$S = L/200 + 4 \quad \text{(mm)}$$

L 为铸件最大尺寸,内壁比外壁减薄20%,加强筋取为壁厚的0.5~0.6,各处壁厚均匀,圆角一致。从而防止铸件冷却不均匀产生残余应力和裂纹。

(4)为防止挠曲变形,铸件应采用对称截面,要减少大的水平平面,以利于补缩和排气。

锻造包括自由锻、模锻和顶锻等,适用于不同的生产批量和毛坯形状尺寸的要求。而不同锻造方法对零件结构形状的要求也不同。一般来说应考虑下述各项原则:

(1)锻造毛坯形状应简单、对称,避免柱体部分交贯和主要表面上有不规则凸台。毛坯形状应允许有水平分界模面,最大尺寸在分模面上,以简化锻模结构。

(2)模锻毛坯应有拔模斜度和圆角,槽和凹口只允许沿模具运动方向分布,以便于毛坯从模具中取出,防止锻造缺陷并延长模具寿命。

（3）毛坯形状不应引起模具侧向移动，以免使上下模错位。

（4）零件壁厚差不能太大，因为薄壁冷却较快，会阻止金属流动，降低模具寿命。

4.4.3　零件结构工艺性

提高零件结构的加工工艺性，应遵循下述各项原则。

1. 减轻零件重量

机器在满足刚度、精度和工作性能的前提下，应设计成体积小、重量轻，这样不仅节省材料和工时，而且便于选用加工设备，便于工艺过程中存放、运输和装卸。对于减轻铸件重量来说，首先应减小铸件壁厚，一般在不改变刚度和形状的条件下，箱体壁厚减少 K 倍，重量相应减少 $(2/3)K$ 倍。

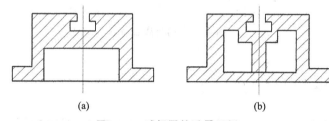

图 4 - 4　减轻零件重量示例 1

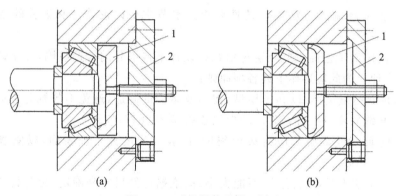

图 4 - 5　减轻零件重量示例 2

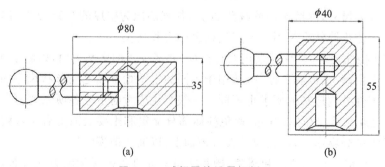

图 4 - 6　减轻零件重量示例 3

　　图 4-4 所示的铸件中,通过局部增加搭子,合理布置加强筋,不但使原壁厚减薄,减轻了重量,还增加了刚度。采用焊接件,可使零件重量减少 20%～30%,机械加工量减少30%～50%。为此在大批和成批生产中广泛采用冲压件焊接结构,而重型和单件生产中也可采用铸、锻件和轧制材料焊接,达到节省材料,减轻重量的目的。图 4-5 所示的箱体轴承孔封盖结构中,用冲压件代替铸件 1 和 2,节省材料和车削工时。图 4-6 所示的手柄转盘结构中通过缩小直径、增加高度的方法改进结构,缩小转盘体积,采用轧制型材,节省了材料,减轻了重量。

　　2. 保证加工的经济性

　　零件的结构不仅要能够加工,还要便于加工,从而可以提高生产率,便于保证加工质量,降低加工成本,这就是加工的经济性问题。图 4-7 中的底座的底面不宜大,应该设计出凸台,以便减少加工面,有利于减小不平度,提高接触精度;轴上的配合表面的轴段也不宜长,应该在不影响使用功能的前提下缩短配合表面的长度,减少了精车工作量,接触精度也提高。

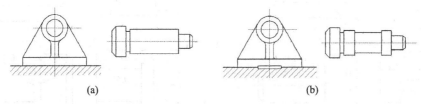

(a)　　　　　　　　　　　　　　　　　(b)

图 4-7　提高加工经济性示例 1

　　图 4-8(a)中出现的轴上键槽的布置不在同一方向上,势必在加工完一个键槽后要将工件转一个角度才能加工另一个键槽;一个工件上的多个孔布置不平行,钻孔加工中需要多次改变工件的位置;除非有特殊的使用功能要求,否则箱体的同一方向上需要加工的表面设计得不等高,将使得加工时要两次装夹和对刀,增加工时;分别改为图 4-8(b)中的情况就能提高加工经济性。

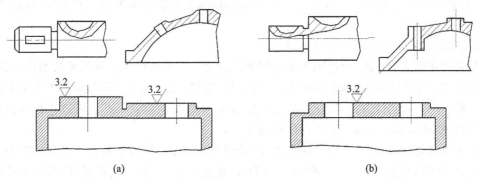

(a)　　　　　　　　　　　　　　　　　(b)

图 4-8　提高加工经济性示例 2

　　3. 保证刀具正常地工作

　　零件的结构设计必须保证刀具能正常地工作,避免损坏或过早地磨损;还必须保证刀具能自由地进刀和退刀,不伤及零件。图 4-9(a)中的孔加工件在钻孔时钻头钻入和钻出过程中会出现径向受力不匀,不但造成钻孔偏斜,甚至还会折断钻头;对于双联齿轮和内孔键槽一般采用插床加工,必须留有退刀槽,使刀具在切削进给和空刀返程之间能卸载,否则引起刀具损坏;盲孔和阶梯轴磨削时若无越程槽,砂轮就会出现局部的圆周面和端面同时进行磨削的情形,砂轮的一角很快圆钝,不能磨出直角,影响工件的配合。各零件的结构应按图4-9(b)做相应修改。

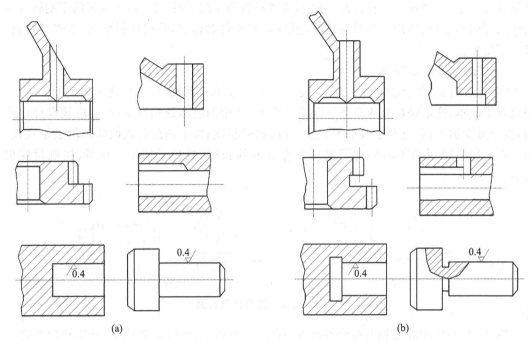

(a)　　　　　　　　　　　　　　　　　(b)

图4-9　保证刀具、砂轮能正常工作示例

4.零件尺寸规格标准化

设计零件时对它的结构要素应尽量标准化,这样做可以大大节约工具,减少工艺准备工作,简化工艺装备,例如零件上的螺孔、定位孔、退刀槽等尽量符合标准(国家标准或工厂规范)。尺寸标准化,就可采用标准钻头、铰刀和量具,减少刀具规格种类。避免专门制备非标的工、卡、量具。

5.正确标注尺寸及规定加工要求

如果尺寸标注不合理,会给加工带来困难或者达不到质量要求。从工艺的角度来看,尺寸标注应符合尺寸链最短原则,使有关零件装配的累积误差最小;应避免从一个加工表面确定几个非加工表面的位置;不要从轴线、锐边、假想平面或中心线等难于测量的基准标注尺寸,因为这些尺寸不能直接测量而需经过换算。

加工要求应合理,如果没有特殊要求,应执行经济精度。零件上规定了过高精度和表面粗糙度要求则必然要增加工序,例如加工 IT8 级精度的孔,只需一次铰削,而 IT7 级孔需要铰二次,增加了工时和刀、夹、量具,成本也相应提高,因此零件精度等级和表面粗糙度要求首先应满足工作要求,同时要考虑工艺条件及加工成本,不要盲目提高。

4.5　拟定工艺规程的几个主要问题

4.5.1　基准的选择

定位基准的选择是制订工艺规程的一个重要问题,它直接影响到工序的数目,夹具结构的复杂程度及零件精度是否易于保证,一般应对几种定位方案进行比较。

1. 基准的概念

零件总是由若干表面组成,各表面之间有一定的尺寸和相互位置要求。基准,就是零件上用来确定其他点、线,面所依据的那些点、线、面。基准按其作用的不同可分为设计基准和工艺基准两大类。

设计基准——零件图上用以确定其他点、线、面的基准,例如图 4-10 所示箱体,尺寸 C 说明顶面以底面 D 为设计基准,尺寸 x_3、y_3 和 x_4、y_4 说明 D、E 面是孔 Ⅳ 和孔 Ⅲ 的设计基准,可见设计基准是零件图上尺寸标注的起始点,一般来说,基准关系是可逆的。

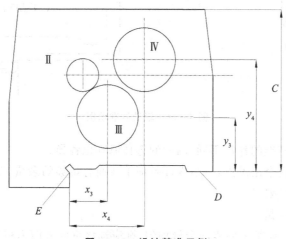

图 4-10　设计基准示例

工艺基准——在加工和装配中使用的基准,包括:

(1) 定位基准——加工时使工件在机床或夹具上占有正确位置所采用的基准,例如阶梯轴的中心孔,箱体零件的底平面和内壁等。定位基准应限制足够的自由度来实现定位。

(2) 度量基准——检验时用来确定被测量零件在度量工具上位置的表面,称为“度量基准”。例如主轴支承在 V 形铁上检验径向跳动时,支承轴颈表面就是度量基准。

(3) 装配基准——装配时用来确定零件或部件在机器上位置的表面称为“装配基准”。例如主轴箱体的底面 D 和导向面 E,主轴的支承轴颈等都是它们各自的装配基准。

关于基准概念,尚需阐明下面两点:

(1) 作为基准的点、线、面,在工件上不一定存在,例如孔的中心线,槽的对称平面等。若选作定位基准,则必须由某些具体表面来体现。这些表面称为基面,如轴类零件的中心孔,它所体现的定位基准是中心线。

(2) 以上各例都是长度尺寸关系的基准问题。对于相互位置要求,如平行度、垂直度等,具有同样的基准关系。

2.定位基准及其选择

设计基准已由零件图给定,而定位基准可以有多种不同的方案,必须加以合理的选择。

在第一道工序中只能选用毛坯表面来定位,称为粗基准,在以后的工序中,采用已经加工过的表面来定位,称为精基准。有时可能遇到这样的情况:工件上没有能作为定位基准用的恰当表面,这时就必须在工件上专门设置或加工出定位基面,称为辅助基准,例如图 4-11 所示活塞零件的止口和中心孔,车床小刀架的工艺搭子等。工艺搭子应和定位面 C 同时加工出来,使定位稳定可靠。辅助基准在零件工作中并无用处,完全是为了工艺上的需要,加工完毕后如有必要可以去掉。

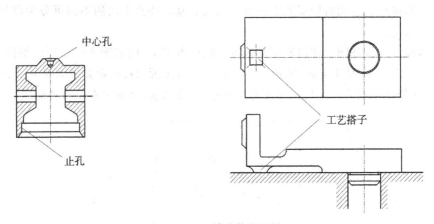

中心孔

止孔

工艺搭子

图 4-11 辅助基准示例

由于粗基准和精基准的作用不同,两者的选择原则也各异。

粗基准的选择有两个出发点:一是保证各加工表面有足够的余量,二是保证不加工表面的尺寸和位置符合图纸要求。

粗基准的选择原则是:

(1)工件若需要保证某重要表面余量均匀,则应选该重要表面为粗基准。例如图 4-12 所示床身导轨加工,导轨面要求硬度高而且均匀。其毛坯铸造时,导轨面向下放置,使表层金属组织细致均匀,没有气孔、夹砂等缺陷。因此加工时希望只切去一层较小而均匀的余量,保留组织紧密耐磨的表层,且达到较高加工精度。可见应选导轨面为粗基准,此时床脚上余量不均匀并不影响床身质量。

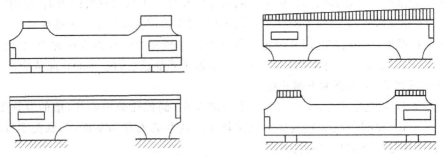

图 4-12 床身导轨加工的粗基准选择

（2）若工件必须首先保证加工表面与不加工表面之间的位置要求，则应选不加工表面为粗基准，因为不加工表面在工件上是不变的，加工表面是可变的，以不加工表面为基准，就可以达到壁厚均匀、外形对称等要求。若有好几个不加工表面，则粗基准应选用位置精度要求较高者。图 4-13 所示工件，在毛坯铸造时毛孔 2 和外圆 1 之间有偏心。本道工序切削加工内孔，而外圆 1 不需要加工，零件要求壁厚均匀，因此粗基准应为外圆 1。

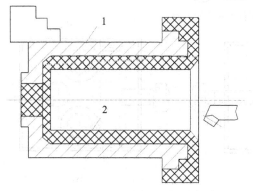
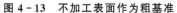

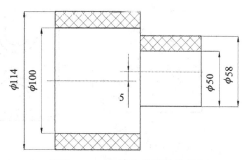

图 4-13　不加工表面作为粗基准　　　　　　　　　图 4-14　粗基准的错误选择

（3）若工件上每个表面都要加工，则应以余量最小的表面作为粗基准，以保证各表面都有足够余量。例如图 4-14 所示锻轴由于大端半径余量为 7mm，小端半径余量只有 4mm，而大小端外圆偏心量有 5mm，当以大端外圆为粗基准，以致小端可能加工不出，应改选加工余量较小的小端外圆为粗基准。

（4）选为粗基准的表面，应尽可能平整光洁，不能有飞边、浇口、冒口或其他缺陷，以便使定位准确，夹紧可靠。

（5）由于粗基准终究是毛坯表面，比较粗糙，不能保证重复安装的位置精度，定位误差很大，所以粗基准一般只允许使用一次，即所谓"粗基准一次性使用原则"。在某些情况下，若采用精化毛坯，而相应的加工要求不高，重复安装的定位误差在允许范围之内，那么粗基准也可灵活使用。

选择精基准时主要应考虑减少定位误差和安装方便准确。

精基准的选择原则是：

（1）应尽可能选用设计基准作为精基准，避免基准不重合生产的定位误差，这就是"基准重合原则"，如图 4-15（a）所示零件，$\phi30H7$ 孔已加工好，在加工两个 $\phi18H11$ 孔时，按图 4-15（b）方案占模板以 B 定位，虽然夹具比较简单。但孔心距 a 较难保证，必须进行尺寸换算，减少尺寸 H 的公差，这就提高了制造精度。图 4-15（c）方案符合基准重合原则，夹具虽然复杂一些，但容易达到加工要求。

对于零件的最后精加工工序，更应遵循"基准重合原则"。例如机床主轴锥孔最后精磨工序应选择支承轴颈定位。

（2）应尽可能选用统一的定位基准加工各表面，以保证各表面间的位置精度，这就是"基准统一原则"。采用统一基准能用同一组基面加工大多数表面，有利于保证各表面的相互位置要求，避免基准转换带来的误差，而且简化了夹具的设计和制造，缩短了生产准备周期，轴类零件的中心孔，箱体零件的一面两销，都是统一基准的典型例子，

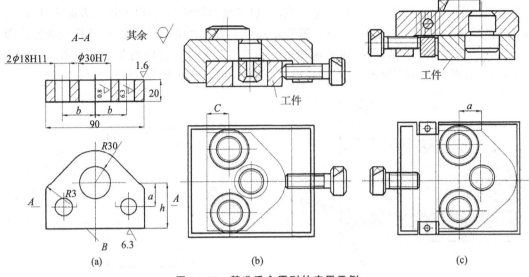

图 4-15　基准重合原则的应用示例

　　有些精加工或光整加工工序应遵循"自为基准原则",因为这些工序要求余量小而均匀,以保证表面加工的质量并提高生产率,此时应选择加工表面本身作为精基准,而该加工表面与其他表面之间的位置精度则应由先行工序保证,图 4-16 是在导轨磨床上磨削工件导轨,安装后用百分表找正工件的导轨表面本身,此时床脚仅起支撑作用,此外珩磨、铰孔及浮动镗孔等都是自为基准的例子。

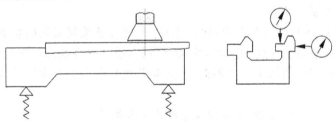

图 4-16　自为基准的例子

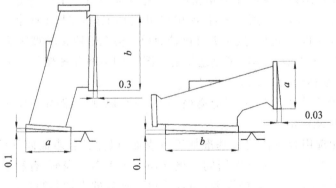

图 4-17　定位基面的要求

不论是粗基准或精基准,都应满足定位准确稳定的要求,为此定位基面应有足够大的接触面积和分布面积。接触面积大能承受较大切削力,分布面积大使定位稳定可靠、精度高。图 4-17 所示支座,分别可以用凸缘 a 或 b 定位,在同样的安装误差下,则凸缘 b 因为面积较大,定位更为稳定可靠。

基准选择的各项原则有时是互相矛盾的,必须根据实际条件和生产类型分析比较。综合考虑这些原则,达到定位精度高、夹紧可靠、夹具结构简单、操作方便的要求。

4.5.2　工艺路线的拟定

这是制订工艺规程的关键性一步。在具体工作中,应该提出多种方案进行分析比较,因为工艺路线不但影响加工的质量和效率,而且影响到工人的劳动强度、设备投资、车间面积、生产成本等,必须严谨从事,使拟订的工艺路线达到多、快、好、省的要求。

除定位基准的合理选择外,拟订工艺路线还要考虑下列四个方面:

1. 加工方法的选择

根据每个加工表面的技术要求,确定其加工方法及分几次加工。表面达到同样质量要求的加工方法可以有多种,因而在选择从粗到精各加工方法及其步骤时要综合考虑各方面工艺因素的影响:

(1) 各种加工方法的经济精度和表面粗糙度,使之与加工技术要求相当,各种加工方法的经济精度和表面粗糙度可参考有关标准。但必须指出,这是在一般情况下可达到的精度和表面粗糙度,在某些具体条件下是会改变的。而且随着生产技术的发展及工艺水平的提高,同一种加工方法所能达到的精度和表面粗糙度也会提高。

(2) 工件材料的性质:例如淬火钢应采用磨削加工,有色金属则磨削困难,一般都采用金刚镗或高速精密车削进行精加工。

(3) 要考虑生产类型,即生产率和经济性问题。在大批量生产中可采用专用的高效率设备,故平面和孔可采用拉削加工取代普通的铣、刨和镗孔方法。如果采用精化毛坯,如粉末冶金制造油泵齿轮、失蜡浇铸柴油机的小零件等,则可大大减少切削加工量。

(4) 要考虑本厂本车间现有设备情况及技术条件。应该充分利用现有设备,挖掘企业潜力,但也应考虑不断改进现有方法和设备,推广新技术,提高工艺水平。

有时还应考虑其他一些因素如加工尺寸、加工表面物理机械性能的特殊要求、工件形状和重量等。例如加工不大的孔,第一道工序往往钻孔,但对于较大的孔,不可能钻削,毛坯制备(如铸造、锻造)时会预留孔,第一道工序就应该改为镗孔。

在拟定零件的工艺路线时,首先要确定各个表面的加工方法和加工方案,零件上比较精确的表面,是通过粗加工、半精加工和精加工逐步达到的,对这些表面应正确地确定从毛坯到最终成形的加工路线,一个工件有多种表面,每个表面又有多种加工方法。表 4-6、表 4-7、表 4-8 分别表明了平面、内孔及外圆三种典型表面的加工方法。

表 4-6 平面加工方法

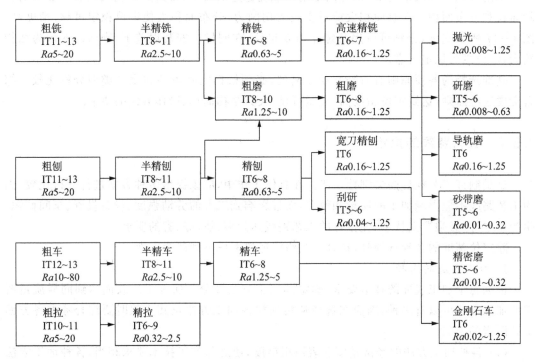

表 4-7 内孔加工方法

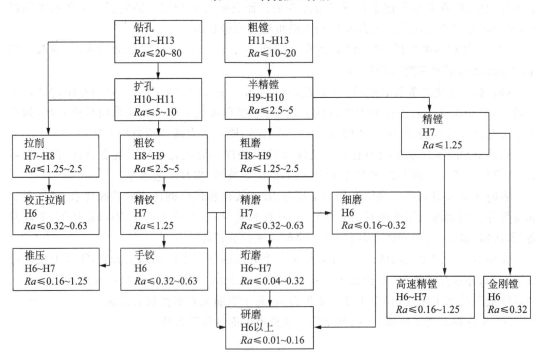

表 4 - 8　外圆加工方法

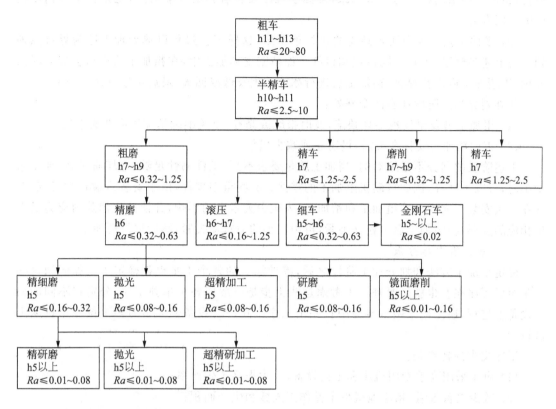

2. 加工阶段的划分

工艺路线按工序性质不同而划分成如下几个阶段：

(1) 粗加工阶段：其主要任务是切除大部分加工余量，因此主要问题是如何获得高的生产率，此阶段加工精度低，表面粗糙度值大（IT12 级以下，Ra 值 $50 \sim 12.5 \mu m$）。

(2) 半精加工阶段：使主要表面消除粗加工留下的误差，达到一定的精度及精加工余量，为精加工作好准备，并完成一些次要表面如钻孔、铣键槽等的加工（IT10～12 级，Ra 值 $6.3 \sim 3.2 \mu m$）

(3) 精加工阶段：使各主要表面达到图纸要求（可达 IT7－10 级，Ra 值 $1.6 \sim 0.4 \mu m$）

(4) 光整加工阶段：对于精度和光洁度要求很高如 IT6 级及 IT6 纵以上精度、Ra 值 $0.2 \mu m$ 以上表面粗糙度的零件，采用光整加工。但光整加工一般不用于纠正几何形状和相互位置误差。

有时若毛坯余量特别大，表面极其粗糙，在粗加工前设有去皮加工阶段称为荒加工，并常常在毛坯准备车间进行。

划分加工阶段是因为：

(1) 粗加工时切削余量大，切削用量、切削热及功率消耗都较大，因而工艺系统受力变形、热变形及工件内应力变形都严重存在，不可能达到高的加工精度和光洁度，要有阶段逐步减少切削用量，逐步修正工件误差，而阶段之间的时间间隔用于自然时效，有利于使工件消除内应力和充分变形，以便在后续工序中得到修正。

(2) 划分加工阶段可合理使用机床设备。粗加工时可采用功率大、精度一般的高效率设备,精加工则采用相应的精密机床,发挥了机床设备各自的性能特点,也延长了高精度机床的使用寿命。

(3) 零件工艺过程中插入必要的热处理工序,这样工艺过程以热处理工序为界自然地划分为上述各阶段,各具不同特点和目的。如精密主轴加工中,在粗加工后进行去应力时效处理,半精加工后进行淬火,精加工后进行冰冷处理及低温回火,最后再进行光整加工。

此外划分加工阶段还有两个好处:

(1) 粗加工可及早发现毛坯缺陷,及时报废或修补,以免继续精加工而造成浪费;

(2) 表面精加工安排在最后,可防止或减少损伤。

上述阶段的划分不是绝对的,当加工质量要求不高、工件刚性足够、毛坯质量高、加工余量小时,可以不划分,例如自动机上加工的零件。有些重型零件,由于安装运输费时又困难,常在一次安装下完成全部粗加工和精加工,为减少夹紧力的影响,并使工件消除内应力及发生相应的变形,在粗加工后可松开夹紧,再用较小的力重新夹紧,然后进行精加工。

3. 工序的集中与分散

确定了加工方法和划分加工阶段之后,零件加工的各个工步也就确定了。如何把这些工步组成工序呢? 也就是要进一步考虑这些工步是分散成各个单独工序,分别在不同的机床设备上进行,还是把某些工步集中在一个工序中在一台设备例如多刀多工位专用机床上进行。

工序集中的特点是:

(1) 由于采用高效专用机床和工艺设备,大大提高了生产率;

(2) 减少设备数量,相应地减少了操作工人数和生产面积;

(3) 减少了工序数目,缩短了工艺路线,简化了生产计划工作;

(4) 减少了加工时间,减少了运输路线,缩短了加工周期;

(5) 减少了工件安装次数,不仅提高生产率,而且由于在一次安装中加工许多表面,易于保证它们之间的相互位置精度;

(6) 专用机床和工艺设备成本高,其调整、维修费时费事,生产准备工作量大。

工序分散的特点恰恰相反:

(1) 由于每台机床只完成一个工步,可采用结构简单的高效机床(如单能机床)和工装容易调整。也易于平衡工序时间,组织流水生产;

(2) 生产准备的工作量小,容易适应产品更换;

(3) 工人操作技术要求不高;

(4) 设备数量多,操作工人多,生产面积大;

(5) 生产周期长。

在一般情况下单件小批量生产只能是工序集中,但多采用通用机床。大批大量生产中可集中,也可分散。从生产技术发展的要求来看,一般趋向于采用工序集中原则来组织生产,成批生产中一般不能采用价格昂贵的专用设备使工序集中,但应尽可能采用多刀半自动车床、六角车床和多轴镗头等效率较高的机床,就是在通用机床上加工,也以工序适当集中为易。至于数控机床、加工中心机床,虽然价格昂贵,但由于它们具有灵活、高效,便于改变生产对象的特点,为多品种、小批量生产中进行集中工序自动化生产带来广阔的前景。

4. 加工顺序的安排

(1) 切削加工顺序的安排应考虑下面几个原则:

① 先粗后精　各表面的加工工序按前述从粗到精的加工阶段交叉进行;

② 先主后次　工件上的装配基面和主要工作表面等先安排加工,而键槽、紧固用的光孔和螺孔等加工由于加工面小,又和主要表面有相互位置的要求,一般都应安排在主要表面达到一定精度之后,例如半精加工之后,但又应在最后精加工之前;

③ 基面先行　每一加工阶段总是先安排精基面加工工序,例如轴类零件加工中采用中心孔作为统一基准,因此每个加工阶段开始,总是先打中心孔、重打或修研中心孔,作为精基准,应使之具有足够高的精度和光洁度,并常常高于原来图纸上的要求,如精基面不止一个,则应按照基面转换次序和逐步提高精度的原则来安排,例如精密坐标镗床主轴套筒,其外圆和内孔就要互为基准反复进行加工;

④ 先面后孔　对于箱体、支架、连杆拨叉等一般及其零件,平面所占轮廓尺寸较大,用平面定位比较稳定可靠,因此其工艺过程总是选择平面作为定位精基面,先加工平面,再加工孔。

有些部件如坐标镗床主轴部件装配精度及技术要求很高,而且其组合零件多(包括套筒、主轴及轴承)、装配误差大,装配过程中由于零件变形又引起精度损失。若单靠提高单件加工精度来保证成品最终精度困难大、成本高,为此可采用"配套加工"方法,即有些表面的最后精加工安排在部件装配之后或总装过程中进行,例如主轴部件装配好后,以其轴承滚道为旋转基面精磨主轴前端锥孔。这样,加工时和使用时的旋转基面完全一致,达到了较高的技术要求。又如柴油机连杆的大头孔,其精镗和珩磨工序应安排在与连杆盖装配后以及在压入轴承套后进行。

(2) 热处理的安排。热处理的目的在于改变材料的性能和消除内应力,可分为:

① 预备热处理,安排在加工前以改善切削性能,消除毛坯制造时的内应力。例如含碳量超过 0.5 % 的碳钢,一般采用退火以降低硬度;含碳量 0.5 % 以下的碳钢则采用正火,以提高硬度,使切削时切屑不粘刀。由于调质能得到组织细致均匀的回火索氏体,有时也用作预备热处理,但一般安排在粗加工之后;

② 最终热处理,安排在半精加工之后和磨削加工之前(氮化处理则在粗磨和精磨之间),主要用来提高材料的强度和硬度,如淬火——回火,各种化学热处理(渗碳、氮化)。因淬火后材料的塑性和韧性很差,有很高的内应力,容易开裂,组织不稳定,使其性能和尺寸发生变化,故淬火后必须进行回火。其中调质处理使材料获得一定的强度硬度、又有良好冲击韧性的综合机械性能,常用于连杆、曲轴、齿轮和主轴等柴油机、机床零件;

③ 去应力处理,包括人工时效,退火及高温去应力处理等。精度一般的铸件只需进行一次,安排在粗加工后较好,可同时消除铸造和粗加工的应力,减少后续工序的变形。精度要求较高的铸件,则应在半精加工后安排的第二次时效处理,使精度稳定。精度要求很高的精密丝杆、主轴等零件,则应安排多次时效。对于精密丝杆、精密轴承、精密量具及油泵油嘴等,为了消除残余奥氏体、稳定尺寸,还要采用冰冷处理,即冷却到 $-70\sim-80℃$,保温 $1\sim2h$,一般在回火后进行。

(3) 辅助工序的安排。检验工序是主要的辅助工序,是保证质量的重要措施。除了各工序操作者自检外,下列场合还应单独安排:①粗加工阶段结束之后;②重要工序前后;③送往外车间加工前后;④特种性能(磁力探伤,密封性等)检验;⑤加工完毕,进入装配和成品库时。此外,去毛刺、倒棱边、去磁、清洗、涂防锈油等都是不可忽视的辅助工序。

4.5.3　加工余量的确定

在由毛坯变为成品的过程中,在某加工表面切除的金属层的总厚度成为该表面的加工总余量,每一道工序切除的金属层厚度为工序间加工余量。外圆和孔等旋转表面的加工余量是指直径上的,故为对称余量,即实际所切除的金属层厚度时加工余量之半。平面的加工余量,则是单边余量,它等于实际切除的金属厚度。

由于各工序尺寸都有公差,故各工序实际切除的余量是变化的。工序工差一般规定为"入体"方向,即对于轴类零件的尺寸,工序公差取单向负偏差,工序的名义尺寸等于最大极限尺寸;对于孔类零件的尺寸,工序公差取单向正偏差,故工序名义尺寸等于最小极限尺寸。但毛坯制造偏差取正负值。据此规定,可作出图 4-18。

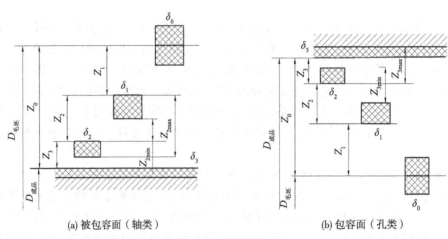

(a) 被包容面（轴类）　　　　　　　　　　(b) 包容面（孔类）

图 4-18　工序尺寸

根据图 4-18 所示加工工序余量、工序工差和工序尺寸的关系,可得出:

加工总余量为各工序余量之和,即 $Z_0 = Z_1 + Z_2 + Z_3 + \cdots + Z_n$

对轴类尺寸而言:

最大工序余量　　　　$Z_{2\max} = D_{1\max} - D_{2\max} = Z_2 + \delta_2$

最小工序余量　　　　$Z_{2\min} = D_{1\min} - D_{2\max} = Z_2 - \delta_1$

工序余量公差　　　　$\delta_{z2} = Z_{2\max} - Z_{2\min} = \delta_1 + \delta_2$

对孔类尺寸而言:

最大工序余量　　　　$Z_{2\max} = D_{2\max} - D_{1\max} = Z_2 + \delta_2$

最小工序余量　　　　$Z_{2\min} = D_{2\min} - D_{1\max} = Z_2 - \delta_1$

工序余量公差　　　　$\delta_{z2} = Z_{2\max} - Z_{2\min} = \delta_1 + \delta_2$

可见无论轴类或孔类尺寸的工序余量公差总是上工序和本工序的公差之和。

加工总余量的大小对制订工艺过程有一定影响,总余量不够,将不足以切除零件上有误差和缺陷的部分,达不到加工要求,总余量过大,不但增加了加工劳动量,也增加材料、工具和电力的消耗,从而增加了成本。

加工总余量的数值与毛坯制造精度有关,若毛坯精度差,余量分布极不均匀、必须规定较大的余量。加工总余量的大小还与生产类型有关,生产批量大时,总余量应小些,相应地要提高毛坯精度。

对于工序间余量,目前不采用计算方法来确定,一般工厂都按经验估计,当然也可参考有关手册推荐的资料。工序间余量同样应适当,特别是对于一些精加工工序,例如精磨、研磨、珩磨、浮动镗削等,都有一个合适的加工余量范围,若余量过大,会使精加工时间过长,甚至反而破坏了精度和光洁度;余量过小则使工件某些部位加工不出来,此外由于余量不均匀,还影响加工精度,所以对精加工工序的余量大小和均匀性要有规定。

影响工序间余量的因素比较复杂,构成最小余量的主要因素有下述几项:

(1)上工序的表面粗糙度 H_a 及缺陷层 T_a。 如图 4-19 所示。为了使加工后的表面不留下前一工序的痕迹,最小余量至少要包含上工序的表面粗糙度 H_a 及缺陷层 T_a。

各种加工方法所造成的表面粗糙度 H_a 及缺陷层 T_a 可参考表 4-9。

表 4-9 各种加工方法所造成的表面粗糙度 H_a 及缺陷层 T_a 数据(μm)

加工方法	H_a	T_a	加工方法	H_a	T_a
粗车内外圆	15~100	40~60	粗 刨	15~100	40~50
精车内外圆	5~45	30~40	精 刨	5~45	25~40
粗车端面	15~225	40~60	粗 插	25~100	50~60
精车端面	5~54	30~40	精 插	5~45	35~50
钻	45~225	40~60	粗 铣	15~225	40~60
粗 扩 孔	25~225	40~60	精 铣	5~45	25~40
精 扩 孔	25~100	30~40	拉	1.7~3.5	10~20
粗 铰	25~100	25~30	切 断	45~225	60
精 铰	8.5~25	10~20	研 磨	0~1.6	3~5
粗 镗	25~225	30~40	超级光磨	0~0.8	0.2~0.3
精 镗	5~25	25~40	抛 光	0.06~1.6	2~5
磨 外 圆	1.7~15	15~25			
磨 内 圆	1.7~15	20~30	闭式模锻	100~225	500
磨 端 面	1.7~15	15~35	冷 拉	25~100	80~100
磨 平 面	1.7~1.5	20~30	高精度辗压	100~225	300

(2)上工序的尺寸公差 δ_a。 由图 4-12 可知工序基本余量必须大于上工序的尺寸公差,凡是包括在尺寸公差范围内的几何形状和相互位置误差(如圆度和锥度包括在直径公差内,平行度包括在距离公差内),不再单独考虑。

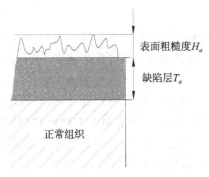

图 4 - 19　表面粗糙度及缺陷层

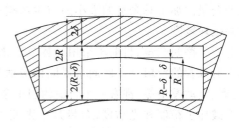

图 4 - 20　轴弯曲对加工余量的影响

（3）由于毛坯制造、热处理以及工件存放时所引起的形状误差或位置误差 ρ_a。例如弯曲、位移、偏心、偏斜、不平行、不垂直等。图 4 - 20 所示轴类零件弯曲时，弯曲度为 δ，则加工余量必须至少增加 2δ 才能保证该轴在加工后消除弯曲。因此细长轴因内应力而变形，其加工余量比用同样方法加工的一般短轴要大些。热处理不但引起零件几何形状的变形，而且会引起尺寸的胀缩。例如大部分齿轮高频淬火后，内孔缩小，花键孔甚至会发生扭转变形。

（4）本工序的安装误差 ε_b。安装误差包括定位误差，夹紧误差以及夹具本身的误差。例如用三爪卡盘夹紧工件外圆磨内孔时，由于三爪卡盘本身定心不准确，使工件中心和机床回转中心偏移了距离 e，从而使内孔余量不均匀。为了加工出内孔，就需使磨削余量增大 $2e$ 值。

由于 ρ_a 和 ε_b 都是有一定方向的，因此它们的合成应为矢量和。

综上所述可以得出最小余量的计算式为：

对于平面加工，单边余量：

$$Z_b = \delta_a + H_a + T_a + (\rho_a + \varepsilon_b)$$

对于外圆和孔，双边余量：

$$2Z_b = \delta_a + 2(H_a + T_a) + 2(\rho_a + \varepsilon_b)$$

上述公式具体应用时.应考虑具体情况，例如浮动镗孔是自为基准的，不能纠正孔的偏斜和弯曲，因此余量计算式应为：

$$2Z_b = \delta_a + 2(H_a + T_a)$$

对于研磨，珩磨、超精磨和抛光等光整加工工序，主要任务是去除上工序留下的表面痕迹，有的可提高尺寸及形状精度，则其余量计算式为：

$$2Z_b = \delta_a + 2H_a$$

有的不能纠正尺寸及形状误差，仅提高表面光洁度，则其余量计算式为：

$$2Z_b = 2H_a$$

4.5.4　确定工序尺寸和公差

计算工序尺寸和标注公差是制定工艺规程的主要工作之一，工序尺寸是指零件在加工过程中各工序所应保证的尺寸，其公差按各种加工方法的经济精度选定，工序尺寸则要根据已确定的余量及定位基准的转换情况进行计算，可以归纳为三种情况：

（1）当定位基准和测量基准与设计基准不重合时进行尺寸换算所形成的工序尺寸；

（2）从尚需继续加工的表面标注的尺寸，实际上它是指基准不重合以及要保证留给一定的加工余量所进行的尺寸换算；

（3）某一表面需要进行多次加工所形成的工序尺寸。它是指加工该表面的各道工序定位基准相同，并与设计基准重合，只需要考虑各工序的加工余量。

前两种情况的尺寸换算需要应用尺寸链原理，见下一章"工艺尺寸链"。第三种情况比较简单，只需要根据工序间余量和工序尺寸之间的关系确定，其计算顺序是由最后一道工序开始往前推算。例如某车床主轴箱的主轴孔，其加工要求是 $\phi100Js6,\bigtriangledown7$，加工方法选定为粗镗—半精镗—精镗—浮动镗。各工序的加工余量和所能达到的精度工序尺寸公差已根据有关手册及工厂实际经验选定，见表 4 - 10 的第二、三列，计算结果列于第四、五列，表中右侧图示清楚地说明了余量、工序尺寸及公差之间的关系。

表 4 - 10　工序尺寸和公差计算示例

工序名称	工序间余量	工序基本尺寸	工序公差	工序尺寸公差
4. 浮动镗	0.1	100	$Jsb\binom{+0.012}{-0.009}$	$\phi100^{+0.012}_{-0.009}$　$\dfrac{0.8}{\bigtriangledown}$
3. 精镗	0.5	$100-0.1=99.9$	$H7\binom{+0.035}{0}$	$\phi99.9^{+0.035}_{0}$　$\dfrac{1.6}{\bigtriangledown}$
2. 半精镗	2.4	$99.9-0.5=99.4$	$H10\binom{+0.14}{0}$	$\phi99.4^{+0.14}_{0}$　$\dfrac{3.2}{\bigtriangledown}$
1. 粗镗	5.0	$99.4-2.4=97.0$	$H12\binom{+0.44}{0}$	$\phi97.0^{+0.44}_{0}$　$\dfrac{6.3}{\bigtriangledown}$
毛坯孔	—	$97.0-5.0=92.0$	$(+2,-1)$	$\phi92.0^{+2.0}_{-1.0}$　$\sim$

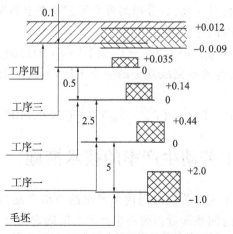

图 4 - 21　工序尺寸与工序公差计算示例

4.6　工艺过程的时间定额

时间定额是在一定的技术和生产组织条件下制定出来的完成单件产品或单个工序所规定的工时,它是安排生产计划、计算产品成本和企业经济核算的重要依据之一,也是新设计或扩建工厂或车间时决定设备和人员数量的重要资料。

时间定额主要由经过实验而累积的统计资料及进行部分计算来确定,合理的时间定额能促进工人生产技能和技术熟练程度的不断提高,发挥他们的积极性和创造性,进而推动生产发展。因此制订的时间定额要防止过紧和过松两种倾向,应具有平均先进水平,并随着生产水平的发展及时修订。

完成零件一个工序的时间称为单件时间。它包括下列组成部分:

(1) 基本时间 $T_{基}$,——它是直接用于改变零件尺寸、形状或表面质量等所耗费的时间。对切削加工来说,就是切除余量所耗费的时间,包括刀具的切入和切出时间在内,又可称为机动时间,一般可用计算方法确定。

(2) 辅助时间 $T_{辅}$——指在各个工序中为了保证基本工艺工作所需要做的辅助动作所耗费的时间,所谓辅助动作包括装卸工件、开停机床、改变切削用量、进退刀具、测量工件等。基本时间和辅助时间之和称为工序操作时间。

(3) 工作地点服务时间 $T_{服}$——指工人在工作班时间内照管工作地点及保证工作状态所耗费的时间。例如在加工过程中调整刀具、修正砂轮,加工前后的润滑及擦拭机床、清理切屑、刃磨刀具等。这时间可按工序操作时间的 $\alpha\%$(约 2%~7%)来估算。

(4) 休息和自然需要时间 $T_{休}$——指在工作班时间内所允许的必要的休息和自然需要时间。也可取操作时间的 $\beta\%$(约 2%)来估算。

因此单件时间是:$T_{单件} = T_{基} + T_{辅} + T_{服} + T_{休}$

成批生产中还要考虑准备终结时间 $T_{准终}$,准备终结时间是指成批生产中每当加工一批零件的开始和终了时间,需要一定的时间作下列工作:熟悉工艺文件,领取毛坯材料,安装刀具、夹具、调整机床,加工结束时需要拆卸和归还工艺装备,发送成品等。准备终结时间对一批零件只消耗一次。零件批量 n 越大,分摊到每个工艺零件上的准备终结时间 $T_{准终}/n$ 就越少。所以成批生产的单间时间定额为:

$$T = T_{单件} + T_{准终}/n = (T_{基} + T_{辅})[1 + (\alpha + \beta)/100] + T_{准终}/n$$

在大量生产中,每个工作地点完成固定的一个工序,不需要上述准备终结时间,所以其单件时间定额为

$$T = T_{单件} = (T_{基} + T_{辅})[1 + (\alpha + \beta)/100]$$

4.7　提高机械加工劳动生产率的技术措施

劳动生产率是指一个工人在单位时间内生产出的合格产品的数量,或用完成单件产品或单个工序所耗费的劳动时间来衡量。劳动生产率与时间定额互为倒数。

提高劳动生产率必须处理好质量,生产率和经济性三者的关系。要在保证质量的前提下提高生产率,在提高生产率的同时又必须注意经济效果,此外还必须注意减轻工人劳动强

度,改善劳动条件。

劳动生产率是衡量生产效率的一个综合性技术经济指标,因而提高劳动生产率不单是一个技术问题,而且还需要进行很多复杂细致的工作。例如:采用先进的制造系统模式,改善企业管理管理和劳动组织,开展技术革新,同时要在产品设计、毛坯制造和机械加工等方面采取技术措施。

本节仅讨论与机械加工有关的一些技术措施。

4.7.1 缩短单件时间定额

缩短单件时间定额中的每一个组成部分都是有效的,但应首先集中精力去缩减占工时定额比重较大的那部分时间。例如某厂在普通车床上进行某一零件的小批生产时,基本时间占 26%,辅助时间占 50%,这时就应着重在缩减辅助时间上采取措施,当生产批量较大时,例如在多轴自动车床上加工,基本时间占 69.5%,辅助时间仅 21%,这样就应采取措施来缩短基本时间。一般而言,单件小批生产的辅助时间和准备终结时间占较大比例,而大批大量生产中基本时间较大。

1. 缩减基本时间的工艺措施

(1) 提高切削用量

基本时间可以用公式来计算,以车削为例(图 4-22),基本时间为:

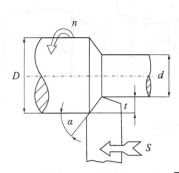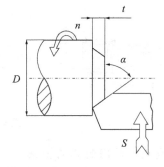

图 4-22 车削

$$T = \frac{L}{nf} \times \frac{h}{a_p} = \frac{\pi DL}{1\,000vf} \times \frac{h}{a_p}$$

式中,L——切削长度(mm);D——切削直径(mm);h——加工余量(mm);v——切削速度(m/min);f——进给量(mm/r);a_p——切深(mm);n——主轴转速(r/min)。

可见,提高切削速度、进给量和切深都可以缩短基本时间,减少单件时间,这是广泛采用的有效方法。

目前硬质合金车刀的切削速度可达 200m/min,陶瓷刀具为 500m/min。近年发展的聚晶金刚石和聚晶立方氮化硼,切削普通钢材时可达 90m/min,而加工 HRC 60 以上的淬火钢、高镍合金时,能在 980 ℃时仍保持其红硬性,切削速度 90m/min 以上。高速滚齿机的切削速度已达 65~75m/min,例如国外的一种高速滚齿机切削速度 305m/min,滚切一只直径 50mm、厚度 20mm,模数为 2mm 的齿轮,仅用 18s。磨削的发展趋势是在不影响加工精度的条件下,尽量采用强力磨削,提高金属切除率,磨削速度已达 60m/min 以上,有一种卧轴平面磨床,金属切除率可达 656cm³/min,连续磨削的一次切深可达 6～12mm,最高可达 37mm。

采用高速强力切削可以大大提高效率,但是机床刚度也必须大大增强,驱动功率也要加大。这样机床结构和布局也要随之改变,需设计新型机床,如果要在原有机床上进行强力切削,需要经过充分的科学试验和机床改装。

(2) 减少切削行程长度

例如用几把车刀同时加工同一个表面,用宽砂轮切入法磨削等,均可大大提高生产率。某厂用宽 300mm、直径 600mm 的砂轮用切入法磨花键轴上长度为 200mm 的表面时,单件时间由 45min 减少到 45s。用切入法加工时要求工艺系统具有足够的刚性和抗振性,横向进给量要减少,以防上振动,同时要增大主电机功率。

(3) 合并工步与合并走刀,采用多刀多工位加工

利用几把刀具或复合刀具对工件的几个表面或同一表面同时或先后进行加工,使工步合并,实现工序集中,使机动和辅助时间减少,又因为减少了工位数和工件安装次数,有利于提高加工精度。图 4-23 为复合刀具加工的例子。多刀或复合刀具加工在大批大量生产中广泛采用,例如对于车削加工有转塔车床、多刀半自动车床、单轴自动车床、多轴半自动和自动车床加工;在铣、刨加工中采用多轴龙门铣床及龙门刨的几个刀架同时加工;在磨削加工中采用组合砂轮等。

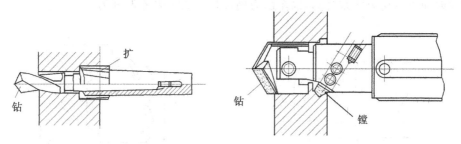

图 4-23　复合刀具加工

2. 缩减辅助时间的工艺措施

加工过程中有大量的辅助动作,因此辅助时间往往占较大的比重,缩减辅助时间是提高劳动生产率的重要方面,所采取的工艺措施可分为两个方面:一是通过辅助动作机械化、自动化来直接减少辅助时间;二是采取措施使辅助时间与基本时间相重合。

(1) 采用先进夹具。

采用先进夹具能大大减少工件的装卸找正时间,而且可以确保加工质量。

(2) 采用多工位夹具。

采用多工位夹具如回转工作台或转位夹具等,当一个工位上的工件在进行加工时,可同时在另一工位中装卸工件,从而使辅助时间与基本时间相重合。

(3) 采用快速换刀、自动换刀装置。

(4) 采用主动检验或自动测量装置,实现在线、自动测量,不但能提高劳动生产率,还能有效保证加工精度。

(5) 采用机械手甚至机器人进行上下料,在工件较大、较重的情况下往往能显著地降低辅助时间。

3. 缩减准备终结时间的工艺措施

加大零件批量可以减少分到每一个零件上的准备终结时间,在中小批生产中,由于批量小,产品经常更换,使准备终结时间在单件时间中占了一定的比重,针对这种情况,应尽量使零部件通用化、标准化,增加批量,同时应采用成组加工技术,以便采用大批大量生产的设备和工艺,提高生产率,

对于减少每批工件投产的准备终结时间来说可采取下列措施:

(1)使夹具和刀具调整通用化,即使没有全面实行成组工艺,也可在局部范围内,把结构形状、技术条件和工艺过程类似的零件划归为一类,设计通用的夹具和刀具。当调换另一种零件时,夹具和刀具可不调整或只需少许调整。

(2)采用刀具微调结构和对刀辅助工具,尤其在多刀加工中,可使调整对刀时间减少。

(3)减少夹具在机床上的安装找正时间。例如利用机床工作台 T 形槽作为夹具的定位面,这时夹具体上应有定位键,安装夹具时,只当将定位键靠向 T 形槽一侧即可,这样不必找正夹具,还可提高定位精度。

(4)采用准备终结时间极少的先进加工设备,如液压仿形刀架、插销板式程序控制机床和数控机床等。

4.7.2　采用先进工艺方法

采用先进工艺或新工艺常可成倍地、甚至十几倍地提高生产率。例如:

(1)特种加工应用在某些加工领域内,例如对于特硬、特脆、特韧材料及复杂型面的加工,能极大地提高生产率,如用电火花加工锻模,线切割加工冲模等,都减少了大量钳工劳动,用电解加工锻模,使单件加工时间由 40~50h 减少为 1~2h。

(2)在毛坯制造中采用冷挤压、热挤压、粉末冶金,失蜡浇铸、压力铸造、精锻和爆炸成型等新工艺,能大大提高毛坯精度,从根本上减少大部分机械加工劳动量,节约原材料,经济效果十分显著。例如 BC - 25 齿轮油泵的两个圆柱直齿轮,精度等级为 H7,材料为 40Cr 锻件,由于批量较大,采用自动线加工。其工艺过程为:

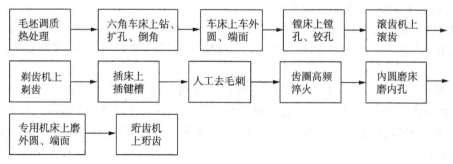

可见工艺路线很长,为平衡节拍,滚齿机需采用 2 台。后来改用粉末冶金齿坯,这就使得滚齿以前的全部工序都可取消,工艺过程大为简化,即:

这样就获得了极大的技术经济效果,表现在:

① 工件材料由 40Cr 改为粉末冶金,节省了贵重合金,由于毛坯精度高,减少了机械加工量,提高了材料利用率,降低了成本;

② 取消了热处理过程,可实现封闭式生产;

③ 取消了毛坯去氧化皮等噪声很大的工序及去毛刺等手工操作,减轻了劳动强度;

④ 自动线上 10 台机床减少到 4 台,生产面积由 $180m^2$ 减少为 $45m^2$;

⑤ 缩短了生产周期,提高了产量;

⑥ 成品的技术条件全部达到,提高了油泵总装的合格率,噪声降低,并提高了寿命;

⑦ 成品的单价下降,利润增加。

由此可见为提高劳动生产率,一定要充分重视毛坯工艺及其他新工艺新技术的应用,从根本上改革工艺,提高劳动生产率。

(3) 采用少无切削工艺代替切削加工方法。例如用冷挤压齿轮代替剃齿,表面粗糙度可达 $Ra0.8\sim0.4\mu m$,生产率提高 4 倍,此外还有滚压、冷轧等。

(4) 改进加工方法。例如在大批大量生产中采用拉削、滚压代替铣、铰和磨削;成批生产中采用精刨、精磨或金刚镗代替刮研,都可大大提高生产率。例如某车床主轴铜轴承套采用金刚镗代替刮研后,表面粗糙度 Ra 为 $0.1\mu m$ 以下,锥度和椭圆度小于 $0.003mm$,装配后与主轴接触面积达 80%,而生产率提高了 32 倍。

(5) 实现机械加工自动化、智能化。例如采用数控机床、加工中心等实现高效率、高精度的生产。

4.8　数控加工工艺

4.8.1　数控加工的特性

随着机械工业的发展,数控加工技术的应用越来越广泛,使得制造业向着数字化方向不断迈进。由于数控加工采用了计算机控制系统和数控机床,使数控加工具有加工自动化程度高、精度高、质量稳定、生产效率高等优势。

(1) 数控机床是按照预先编写的零件加工程序自动加工,具有高的加工精度,通过机电控制、应用软件进行精度校正和补偿等,可以避免人为因素带来的误差,实现稳定的加工质量。

(2) 数控加工具有高的生产效率,加工时可以采用大切削用量.加之换刀等辅助动作的自动化,减轻操作者的劳动强度,与普通机床相比数控机床的生产率可以提高 2~3 倍。尤其是对一些复杂零件的加工,如复杂型面模具、整体涡轮、发动机叶片等其生产率可提高十几倍、甚至几十倍。

(3) 通过改变加工程序能适应不同零件的自动加工,具有广泛的适应性和较大的灵活性,可大大缩短生产周期,有利于实现对市场的快速响应。

(4) 一机多用,尤其是数控机床加上刀库和自动换刀装置,具备好几种普通机床的功能,可以大大地减少在制品的数量,也节省了厂房面积。

(5) 工序集中,一次装夹后几乎可以完成零件的全部加工,节省了劳动力以及工序间运输、测量和装夹等辅助时间。

在数控机床上加工零件时,首先根据零件的加工图样确定零件的加工工艺、工艺参数和刀具位移数据,再按数控系统的指令格式编写数控加工程序,可在机床操作面板上输入加工程序或在计算机上输入程序再利用通信软件传输给数控系统,在数控系统内控制软件的支持下,对程序进行处理和计算,给伺服系统发出相应的信号,控制机床按所要求的轨迹运动,完成零件的加工。

4.8.2　数控机床的分类

1. 按机床运动轨迹分类

（1）点位控制系统

点位控制系统又称为点到点控制系统。刀具从起点向终点移动时,对其移动过程不进行限定,对其移动速度也无严格要求,不论其中间的移动轨迹如何,只要求刀具最后能准确地到达终点。点位控制在可以先移动一个坐标轴,再沿另一个坐标轴移动,也可多个坐标轴同时移动甚至沿空间曲线移动。通常是以快速沿直线运动,以缩短点位时间。数控钻床、数控坐标镗床和数控冲剪床等均采用点位控制系统。

（2）直线控制系统

直线控制系统控制刀具或工作台以所要求的速度,沿平行于某一坐标轴方向进行直线切削,它也可沿与坐标轴成 45° 的斜线进行切削,但不能沿任意角度的直线进行直线切削。因此,直线控制系统除了要控制刀具或工作台的起点、终点的准确位置外,还要控制每一程序段的起点与终点的位移过程。直线控制系统通常也具备刀具半径补偿功能、主轴转速和进给量控制等功能。该类控制系统通常还具备点位控制功能,称为点位—直线控制系统。它主要用于数控车床、数控磨床、数控镗铣床等。

（3）轮廓控制系统

轮廓控制系统又称为连续控制系统。这类控制系统能同时对两个或两个以上的运动坐标的位移及速度进行连续地控制,因而可以进行空间曲线或曲面的加工,各类数控车削加工中心、数控镗铣加工中心都采用轮廓控制系统。

2. 按伺服控制系统类型分类

伺服控制机构分为开环、半闭环和闭环三种类型。

（1）开环控制系统

开环控制系统为无位置反馈的系统,其驱动元件主要是功率步进电动机或电液脉冲马达。开环系统由环形分配器、步进电动机功率放大器、步进电动机、丝杯螺母传动副所组成。

当步进电动机或电液脉冲马达接收到 CNC 送来的一个指令脉冲后,即可转动一个单位步距,相对于一个角度位移当量。CNC 连续发送脉冲,就会实现连续转动,转过的角度与脉冲的个数成正比。进给脉冲的频率决定了运动的速度。

开环控制系统的结构简单,易于控制,调整与维修方便,但由于没有位置检测装置,精度差（位置精度主要取决于传动链的精度和步进电动机的步距角精度）。这种系统的脉冲当量（即分辨率为 1 个脉冲移动的位移量）多数为 0.01mm,定位精度大于 ±0.02mm,被广泛应用于精度要求不太高的经济型数控机床上。

（2）半闭环伺服控制系统

半闭环伺服控制系统使用安装在进给丝杠或电动机轴端的角位移测量元件（如旋转变压器、脉冲编码器、圆光栅等）来代替安装在机床工作台上的直线测量元件，用测量丝杠或电动机轴的旋转角位移来代替工作台的直线位移。测量信号反馈回控制系统的比较器进行比对计算，根据计算结果发出控制信号去修正伺服电机转速，使其工作状态能动态跟踪理想状态。

显然，半闭环伺服控制系统的控制精度要高于开环控制系统，但由于系统获取的反馈信号没有来自机床工作台的直线位移，所以未能包括丝杠螺母传动副这个转动位移—直线位移转换环节所特有的非线性误差，使得控制精度受到限制。

（3）闭环伺服控制系统

闭环伺服控制系统是误差控制的随动系统。测量装置可采用感应同步器或光栅等直线测量元件，反馈信号直接来自机床工作台，能反映各个环节误差的综合影响，因此控制精度较高。目前，这种系统的分辨率一般在 $1\mu m$ 以上，定位精度可达 $\pm 0.005 \sim 0.01 mm$ 以上。但这种系统调试复杂、成本较高，多用于精度要求较高的数控机床，如加工中心等。

闭环伺服控制系统对机械结构及传动系统的要求比半闭环要高，当采用直线电动机作为驱动系统的执行器件，可以完全取消传动系统中将旋转运动变为直线运动的环节，实现所谓的"零传动"，从根本上消除传动机构的非线性误差对精度、刚度、快速性、稳定性的影响，获得更高的定位精度。

3. 按控制坐标数分类

控制坐标数是指同时能控制且相互独立的轴数。可分为 2 轴、2.5 轴、3 轴、4 轴和 5 轴等数控机床。

2 轴控制是指控制两个坐标轴加工曲线轮廓零件，如同时控制 X 轴和 Z 轴的数控车床、同时控制 Z 轴和 Y 轴的数控线切割机床等。

2.5 轴控制是指两个轴连续控制、第三个轴点位或直线控制，从而实现三个轴 X、Y、Z 内的两维控制，使用这种控制方式的有经济型数控铣床、数控钻床等。

3 轴控制是指实现三个坐标轴联动控制，用于加工一般的空间曲面，典型的有数控立式升降台铣床等。

4 轴、5 轴控制称为多轴控制，既有移动坐标控制，也有旋转坐标控制。5 轴控制是在三个移动坐标 X、Y、Z 之外，再加上两个旋转坐标 A、B。刀具可以给定在空间任意点处的任意方向，可用来加工极为复杂的空间曲面，如叶片、叶轮等。

4.8.3　数控加工工艺特点

数控加工工艺在与传统加工工艺在基本理论和框架方面具有共性的同时，又有其专门的特点。

在生产实际中，数控加工一般适用于下列加工范围：

（1）多品种、变批量生产的零件；

（2）用数学模型描述的空间复杂曲面轮廓零件；

（3）加工精度要求高，通用机床不易加工的零件；

（4）具有不敞开内腔的零件；

（5）位置精度要求高，必须在一次装夹中完成多工序加工的零件；

（6）零件价值较高，一旦报废将造成重大经济损失的零件；

（7）在通用机床上加工时必须有复杂的、昂贵的专用工装的零件；

（8）需要多次更改后才能定型的零件。

数控加工工艺内容要求更加具体、详细、严密、精确，这是因为数控加工工艺自适应性较差，加工过程中可能遇到的所有问题必须事先精心考虑。在编制数控加工工艺时，所有工艺问题必须事先设计和安排好，并编入加工程序中，也就是说，在传统加工工艺中可以由操作工人在加工中灵活掌握并可通过适时调整来处理的许多具体工艺问题和细节，在数控加工时就转变为编程人员必须事先设计和安排的内容。在自动编程中更需要确定详细的各种工艺参数。

制订数控加工工艺要进行零件图形的数学处理和编程尺寸设定值的计算，编程尺寸并不是零件图上设计的尺寸的简单再现，要根据零件尺寸公差要求和零件的形状几何关系重新调整计算，以确定合理的编程尺寸。

制订数控加工工艺时，选择切削用量要考虑进给速度对加工零件形状精度的影响。在数控加工中，刀具的移动轨迹是由插补运算完成的。根据插补原理，在数控系统已定的条件下，进给速度越快，则插补精度越低，导致工件的轮廓形状精度越差。尤其在高精度加工时这种影响非常明显。

数控机床尤其是加工中心的功能复合化程度越来越高，因此数控加工工艺的明显特点是工序相对集中.表现为工序数目少，工序内容多，所以数控加工的工序内容比普通机床加工的工序内容复杂。

由于数控机床加工的零件比较复杂，因此在确定装夹方式和夹具设计时，要特别注意刀具与夹具、工件的干涉问题。

数控加工工艺的编制还需注意下面几点：

（1）零件图上尺寸标注应适应数控编程的特点，在数控加工零件图上，应以同一基准引注尺寸或直接给出坐标尺寸，这种标注方法既便于编程，又便于尺寸之间的相互协调，在保持设计基准、工艺基准、检测基准与编程原点设置的一致性方面带来很大方便。由于零件设计人员一般在尺寸标注中较多地考虑装配等使用特性方面的要求，因此常采用局部分散的标注方法，这样就会给工序安排与数控加工带来许多不便。由于数控加工精度和重复定位精度都很高，不会因产生较大的积累误差而破坏使用特性，因此需要将局部的分散标注法改为同一基准标注尺寸或直接给出坐标尺寸的标注法。

（2）构成零件轮廓的几何元素的条件应充分。在手工编程时要计算基点或节点坐标，在自动编程时，要对构成零件轮廓的所有几何元素进行定义。因此在分析零件图时，要分析几何元素的给定条件是否充分。例如圆弧与直线、圆弧与圆弧在图样上相切，但如果根据图纸给出的尺寸，在计算相切条件时，变成了相交或相离状态，这就说明构成零件几何元素条件不充分，使编程时无法下手。遇到这类情况时，应与零件设计者协商解决。

（3）零件各加工部位的结构工艺性应符合数控加工的特点。

① 零件的内腔和外形最好采用统一的几何类型和尺寸。这样可以减少刀具规格和换刀次数，使编程方便，生产效率提高。

② 内槽圆角的大小决定着刀具直径的大小，因而内槽圆角半径不应过小。零件工艺性的好坏与被加工轮廓的高低、转接圆弧半径的大小等有关。

③ 用铣刀铣削零件的底平面时,槽底圆角半径 r 不应过大,因为 r 越大,铣刀端刃铣削平面的能力越差,加工效率也越低。

④ 被加工零件应采用统一的定位基准,在数控加工中,若没有统一基准定位,会因工件的重新安装而导致加工件的两个面上轮廓位置及尺寸不协调现象。因此要避免上述问题的产生保证两次装夹加工后其相对位置的准确性,应采用统一的基准定位。

零件上最好有合适的孔作为定位基准孔,若没有,要设置工艺孔作为定位基准孔(如在毛坯上增加工艺凸台或在后续工序要铣去的余量上设置工艺孔)。若无法制出工艺孔时,至少也要用经过精加工的表面即所谓精基准作为统一基准,以减少两次装夹产生的误差。

此外,还应分析零件所要求的加工精度、尺寸公差等是否可以得到保证、有无引起矛盾的多余尺寸或影响工序安排的封闭尺寸等。

4.8.4　数控加工工艺设计

1. 数控加工工艺设计内容

在编制数控加工程序之前,需要进行数控加工工艺设计,主要包括下列内容:

(1) 选择零件的数控加工内容;

(2) 零件的数控加工分析;

(3) 数控加工的工艺路线设计;

(4) 数控加工工序与工步设计;

(5) 数控加工工艺文件的编写。

一般来讲,数控铣床的工艺文件应包括:编程任务书、数控加工工序卡、数控加工刀具卡、数控加工进给路线图和数控加工程序单等。其中以数控加工工序卡和数控刀具卡最为重要,前者是说明数控加工顺序和加工要素的文件;后者是刀具使用的依据。

2. 工序与工步的划分

根据数控加工的特点,加工工序应尽可能集中,在一次装夹中完成大部分以致全部工序。数控加工工序的划分一般可按下列原则进行:

(1) 以同一把刀具加工的内容划分工序,以便减少换刀次数,即在一次装夹中,用一把刀具加工出所有可以加工的部位。其限制性条件主要来自数控加工程序,有些零件虽然能在一次安装加工出很多加工面,但考虑到程序太长,会受到某些限制,程序太长会增加出错率、查错与检索困难,因此程序不宜太长,有时还会有控制系统的限制(主要是内存容量)、机床连续工作时间的限制(如一道工序在一个班内不能结束)等,这种情况下,一道工序的内容不能太多。

(2) 以零件的装夹定位方式划分工序。零件的结构形状不同,加工各表面时的定位方式各异,对于加工面较多的零件,可按与其结构特点相应的装夹定位方式将加工过程划分成几个工序,分别加工内腔、外廓、曲面或平面等。

(3) 以粗、精加工划分工序。粗、精加工的余量不同,对于易发生加工变形的零件,粗加工后可能发生较大的受力变形,粗、精加工的精度及加工表面质量要求也不同,因此一般凡要进行粗、精加工的工件都应将工序分开。

综上所述,在划分工序时,一定要视零件的结构与工艺性、机床的功能、零件数控加工内容的多少、安装次数及本单位生产组织状况灵活掌握。

加工工序顺序的安排应根据零件的结构和毛坯状况,以及定位安装与夹紧的需要来考虑,重点是工件的刚性不被破坏。工序顺序安排一般应按下列原则进行:

(1) 上道工序的加工不能影响下道工序的定位与夹紧,中间穿插有通用机床加工工序的也要综合考虑;

(2) 如果没有特殊要求,通常先进行内型腔加工工序,后进行外型腔加工工序;

(3) 在同一次安装中进行的多道工序,应先安排对工件刚性破坏小的工序;

(4) 以相同定位、夹紧方式或同一把刀具加工的工序,最好连续进行,以减少重复定位次数、换刀次数与挪动压板次数。

工步的划分主要从加工精度和加工效率两方面考虑。在一道工序内可能需要采用不同的刀具加工不同的表面,对于较复杂的工序,一般按照以下原则划分工步:

(1) 对于同一表面,按照粗加工、半精加工、精加工划分工步;

(2) 对于需要铣平面和钻(镗)孔的零件,按照先面后孔划分工步;

(3) 对于加工过程中需要更换刀具的零件,自然地就按照刀具划分工步。

3. 走刀路线的选择

走刀路线是刀具的刀位点在整个加工工序中相对于工件的运动轨迹,它不但包括了工序的内容,而且也反映了工序的顺序。刀位点指的是刀具对刀时的理论刀尖点,如钻头的钻尖点、车刀或镗刀的刀尖点、立铣刀或端铣刀的刀头底面的中心点、球头铣刀的球头中心点等。走刀路线是编写程序的依据之一,因此,在确定走刀路线时最好画一张工序简图,将已经拟定出的走刀路线画上去(包括进刀、退刀路线),这样就为编程带来不少方便。

加工走刀线路的选择一般应遵从以下原则:

① 尽量缩短走刀路线和减少空走刀行程;

② 保证零件的加工精度和表面粗糙度要求;

③ 保证零件的工艺要求;

④ 有利于简化数值计算,减少程序段的数目和程序编制的工作量。

确定走刀路线时,还要根据工件的加工余量和机床、刀具的刚度等情况确定是一次走刀还是多次走刀,以及根据工件材质及毛坯表面状况等确定铣削方式采用顺铣还是逆铣。下面是一些数控加工常见类型的走刀路线的确定原则。

(1) 轮廓铣削的加工走刀路线

在轮廓铣削加工中,走刀路线往往涉及“导引入、导引出”的安排,即铣刀首先要移动到工件以外的某个适当的走刀起始位置,再从这个起始位置开始走刀,即所谓“导引入”,在铣刀切离工件时也要继续走刀到工件以外某个适当的位置再结束走刀,即所谓“导引出”。这是因为铣削平面零件内外轮廓时,一般采用立铣刀的圆周侧刃切削,立铣刀可看作一个悬臂梁模型,在沿着零件轮廓的走刀过程中,切削力在零件轮廓的法线方向的分量会使得立铣刀产生离开工件的变形,走刀过程中一旦停下来,刀具因为该方向的切削力消失而产生趋近工件的弹性回复,就会在零件表面切出一个凹槽,常称为“深啃”。因此,在刀具切入工件时,应避免沿零件轮廓的法向切入,而应沿轮廓曲线延长线的切向切入,以避免在切入处产生刀具的切痕而影响表面质量,保证零件轮廓曲线平滑过渡。同理,在切离工件时,也应避免在工件的轮廓处直接退刀,而应该沿零件轮廓延长线的切向逐渐切离工件。

导引入、导引出在铣削外轮廓和非封闭的内轮廓表面时容易实现,如图 4-24 所示。

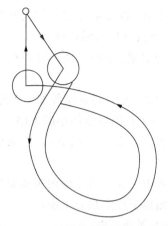

图 4-24 铣削外轮廓的走刀路线

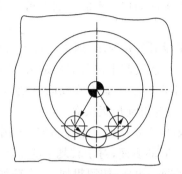

图 4-25 铣削内圆弧的走刀路线

在铣削封闭的内轮廓表面时,若内轮廓曲线允许外延,则应沿切线方向切入切出。若内轮廓曲线不允许外延,刀具只能沿内轮廓曲线的法向切入切出,此时刀具的切入切出点应尽量选在内轮廓曲线两几何元素的交点处,进给过程要避免停顿。当内部几何元素相切无交点时,为防止刀补取消时在轮廓拐角处留下凹口,刀具切入切出点应远离拐角。

图 4-25 为圆弧插补方式铣削内圆弧时的走刀路线,刀具移动到走刀起始点后沿着一个过渡圆弧切入工件轮廓,切削一个完整内圆轮廓后,在沿过渡圆弧切出工件,这样可以保证内圆表面的加工精度和表面质量。

（2）铣削曲面的加工走刀路线

铣削曲面时,常用球头刀采用行切法进行加工。所谓行切法是指刀具与零件曲面轮廓的切点轨迹是一行一行的,而行间的距离是按零件加工精度与表面粗糙度的要求确定的。

对于边界敞开的曲面加工,可采用两种走刀路线。如加工发动机叶片,采用图 4-26(a)所示的加工走刀路线时,每次沿直线加工,刀位点计算简单,程序少,加工过程符合直纹面的形成,可以准确保证母线的直线度。当采用图 4-26(b)所示的加工走刀路线时,每次沿曲线加工,符合这类零件数据给出情况,便于加工后检验,叶形的准确度较高,但程序量较大。如果曲面零件的边界是敞开的,没有其他表面限制,则应该将边界曲面延伸,球头刀应由边界外开始加工。

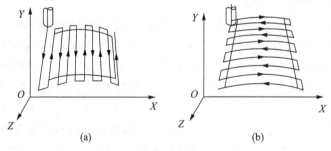

图 4-26 铣削曲面的加工走刀路线

（3）铣削平底凹槽的加工走刀路线

以封闭曲线为边界的平底凹槽是模具中常有的形状特征,常使用平底立铣刀加工。在图 4-21 中画出了三种不同的加工走刀路线。图 4-27 (a)为行切法加工走刀路线,其特点是走刀路线总长度较短,但在每两次进给的起点与终点之间会留下残留面积,往往严重影响表面粗糙度;图 4 - 27 (b)为环切法加工走刀路线,能获得较低的表面粗糙度,但需要逐次向外扩展轮廓线,走刀路线较长,刀位点计算稍复杂,编程工作量稍大些。图 4 - 27 (c)是先用行切法,最后环切一刀光整轮廓表面,综合了两者的优点,既使得总的加工走刀路线较短,又能保证加工表面质量。

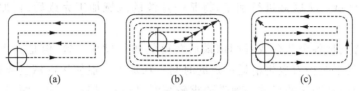

图 4 - 27　平底凹槽的加工走刀路线

（4）顺铣与逆铣的选择

用铣刀的圆周上的刀刃来铣削称为周铣,周铣可分为顺铣和逆铣。当铣刀旋转方向与工件进给方向相同,称为顺铣,而铣刀旋转方向与工件进给方向相反,称为逆铣。

逆铣时,铣刀每个刀齿的切削层厚度是从零增大到最大值,由于刀刃不可能绝对锋利,所以当刀齿接触工件后不能马上切入金属层,而是在工件表面挤压、滑动一小段距离,在此过程中,由于强烈的摩擦,就会产生大量的热量,同时在待加工表面易形成硬化层,降低了刀具的耐用度,影响工件表面粗糙度,给切削带来不利。

顺铣时,铣刀每个刀齿的切削层厚度是从最大值减少到零,从而避免了逆铣时的上述问题,但是在工件表面上有硬质层、积渣或工件表面凹凸不平较显著时,如锻造毛坯等,易造成刀齿损坏,应改用逆铣法。

顺铣的功率消耗要比逆铣时小,在同等切削条件下,顺铣功率消耗要低 5％～15％,同时顺铣也更加有利于排屑。一般应尽量采用顺铣法加工,以获得较好的被加工零件表面粗糙度,保证尺寸精度。另外,逆铣的铣削力使工件上抬,顺铣的铣削力是工件压向工作台,使夹持更稳定,适合于铣削不易夹牢或薄而长的工件。但在铣床工作台丝杆与螺母的间隙较大又不便调整时,由于顺铣时切削力的水平分量与工作台进给方向相同,会使工作台连同工件向前窜动,造成进给量突然增大,甚至引起打刀,造成事故,这时应该改用逆铣。

（5）孔系加工路线

孔系加工时,首先要确定刀具在 X-Y 平面内定位运动到各孔中心线上的路线,一般需要遵循定位迅速和定位准确这两条原则。

定位迅速原则要求按照最短路线确定对于各孔的定位运动,定位准确原则要求各孔的定位方向一致,即刀具从同一方向趋近并到达各孔中心线,也就是单向趋近定位点,这对于孔位置精度要求较高的零件尤其重要,以避免机械进给系统反向间隙误差或测量系统的误差对定位精度的影响。

有时定位迅速和定位准确这两条原则难以兼顾,按最短路线加工无法保证刀具从同一方向趋近各孔中心定位点,而要使刀具从同一方向趋近各目标定位点又需要增加刀具空行程,这时就要根据具体情况作出选择。

（6）区域加工顺序

当零件上有多个凸台或者凹槽,进行等高切削时将形成不连续的加工区域,这就涉及区

域加工顺序问题,可有两种选择:

① 层优先:层优先时生成的数控加工刀路轨迹是将这一层即同一高度内的所有内外型加工完以后,再加工下一层,也就是所有被加工面在某一层(相同的 Z 值)加工完以后,再下降到下一层。刀具会在不同的加工区域之间来回跳转。

② 区域优先:在加工凸台或者凹槽时,先将这部分的所有形面加工完成,再跳到其他部分,也就是一个区域一个区域进行加工,将某一连续的区域加工完成后,再加工另一个连续的区域。

层优先的特点是各个凸台或者凹槽最后获得的加工尺寸一致,但是其表面粗糙度不如区域优先,同时其不断抬刀也将消耗一定的时间。粗加工一般使用区域优先加工顺序,而精加工对各个凸台或者凹槽的尺寸一致性要求较高时,应采用层优先加工顺序。

4. 数控加工的工艺文件

由于工艺人员、编程人员和机床操作人员往往不是同一人,因此需要各种工艺文件来表达加工与编程的意图。数控加工的工艺文件主要有工序卡、刀具卡、机床调整单、零件加工程序等。

(1) 工序卡

数控加工工序卡记录零件在机床上加工的工序及工步内容、各工步使用的刀具及其切削用量等工艺信息,既是编制数控加工程序的基础,又是指导操作者进行生产的工艺文件,在加工之前由工艺人员交给机床操作人员。

(2) 刀具卡

数控加工的刀具要求比较严格,一般都要在对刀仪或用其他方法预先调整好。将工序卡中选用的刀具及其编号、型号、参数等刀具详细资料填入刀具卡中,作为调整刀具的依据,调整结果的实际参数也记录到表中,供操作者输入到机床刀具补偿值中。数控加工刀具卡也是用来编制数控加工程序和指导生产操作的重要工艺文件。

(3) 机床调整单

机床调整单是供操作人员在加工零件之前调整机床之用。它记录有机床控制面板上开关的位置、零件安装、定位和夹紧方法,还包括进给量和主轴的倍率值、刀具半径补偿、冷却方式等。

表 4-11　数控加工工序卡

零件号			零件名称			零件图号			夹具号		
工序号			程序编号			材料			加工设备		
工步号	加工面	工步内容	刀具号	刀具种类规格	刀具长度	主轴转速	进给量	背吃刀量	刀具补偿	加工深度	备注
1											
2											
3											
4											
5											

习题与思考题

1. 什么叫工艺路线？

2. 什么叫工序？

3. 单件、小批生产和大批、大量生产在工艺过程的安排上有何区别？

4. 什么叫生产纲领？机械加工工艺规程有何作用？

5. 改善产品的结构工艺性为什么是重要的？

6. 什么是粗基准，其选择原则是什么？

7. 什么是精基准，其选择原则是什么？

8. 加工铜合金零件上的平面，要求高精度和高表面质量，试写出加工路线。

9. 加工机床箱体上的孔，用以安装外径为 $\phi100$mm 的轴承，试写出加工路线。

10. 划分加工阶段有何意义？

11. 什么是预备热处理和最终热处理？在工艺路线中分别如何安排？

12. 工艺过程中的单件时间包括哪几个部分？

13. 从单件时间的构成分析，采用机械手上下料是如何提高劳动生产率的？

14. 数控机床的加工原理是什么？

15. 按伺服系统的控制原理，数控机床分为哪几类？

16. 两轴半（即 2.5 轴）数控的含义是什么？

17. 数控加工一般适合什么加工对象？

18. 铣削轮廓时，数控加工走刀路线有何专门的要求？

19. 当加工零件上有多个不相连的凸台或者凹槽时，区域加工顺序有哪两种选择，各有何特点？

5 工艺尺寸链

5.1 概述

5.1.1 尺寸链的定义和组成

在机械零件加工过程中,当改变零件的某一尺寸大小,会引起其他有关尺寸的变化。同样,在装配机器时我们也可以发现,零件与零件之间在部件中的有关尺寸,同样是密切联系、相互依赖的。这种尺寸之间的相互联系或相互依赖性,称为"尺寸联系"。

由单个零件中的若干尺寸联系构成零件尺寸链[图 5-1(a)],由机器或部件中若干个零件的尺寸联系构成装配尺寸链[图 5-1(b)]。我们就把一组构成封闭形式的互相联系的尺寸组合,统称为"尺寸链"。在一个尺寸链中,某一个尺寸要受其他尺寸变化的影响。

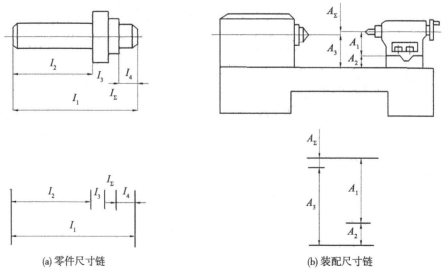

(a) 零件尺寸链　　　　　　　　　　(b) 装配尺寸链

图 5-1　尺寸链

因此,尺寸链的定义包含两个意思:

(1)尺寸链的各尺寸应构成封闭形式(并且是按照一定顺序首尾相接的)。

(2)尺寸链中的任何一个尺寸变化都将直接影响其他尺寸的变化。

例如在图 5-1 中,封闭形式的各尺寸 I_1、I_2、I_3、I_4 及 I_{Σ} 构成了尺寸链,其中尺寸 I_1、I_2、I_3、I_4 中任何一个尺寸的变化,都将会影响尺寸 I_{Σ} 的精度,同理,在图 5-1 中,A_1、A_2、A_3 的变化,都将影响主轴和后顶尖的中心线在垂直平面内的等高度 A_{Σ}。

尺寸链中还有一些专门的术语:

尺寸链的环——构成尺寸链的每一个尺寸都称为"环"。它们又可为:

封闭环——在零件加工或机器装配过程中,最后自然形成(即间接获得或间接保证)的尺寸,因此,一个尺寸链中只有一个封闭环,如图 5-1 中的 I_{Σ} 或 A_{Σ}。

必须注意,封闭环既然是尺寸链中最后形成的一个环,所以在加工或装配没有完成前,它是不存在的。封闭环的概念非常重要,应用尺寸链分析问题时,若封闭环判断错误,则全部分析计算的结论,也必然是错误的。

封闭环是由产品技术规范或零件工艺要求决定的尺寸。在装配尺寸链中,往往是代表装配精度要求的尺寸;在零件尺寸链中,常为精度要求最低的尺寸,该尺寸在零件图上不予标注。

组成环——在尺寸链中,除封闭环以外的其他各环,都是"组成环"。它们是在加工或装配过程中,直接加工或控制得到的尺寸;每个尺寸的大小,都会影响封闭环尺寸的公差和极限偏差。如图 5-1 中的 I_1、I_2、I_3、I_4 或 A_1、A_2、A_3,此外,按组成环对封闭环的影响性质,它再可分为两类:

增环——在尺寸链中,当其余组成环不变的情况下,将某一组成环增大,封闭环也随之增大,该组成环即称为"增环"。如图中 I_1 或 A_1、A_2 为增环。增环用符号 → 表示。

减环——在尺寸链中,当其余组成环不变的情况下,将某一组成环增大,封闭环却随之减小,该组成环即称为"减环"。如图 5-1 中的 I_2、L_3、I_4 或 A_3,即为减环。减环用符号 ← 表示。

5.1.2 尺寸链的分类

1. 按照在不同生产过程中的应用范围,我们可以把尺寸链分为:

(1)工艺过程尺寸链:零件按一定顺序安排下的各个加工工序(包括检验工序)中,先后获得的各工序尺寸所构成的封闭尺寸组合,称为"工艺过程尺寸链"。

(2)装配尺寸链:在机器设计或装配过程中,由机器或部件内若干个相关零件构成互相有联系的封闭尺寸组合,称为"装配尺寸链"。

(3)工艺系统尺寸链:在零件生产过程中某工序的工艺系统内,由工件、刀具、夹具、机床及加工误差等有关尺寸所形成的封闭尺寸组合,称为"工艺系统尺寸链"。

以上加工工艺、装配工艺所形成的尺寸链和以工艺系统为对象所形成的尺寸链统称为"工艺尺寸链"。

2. 按照各构成尺寸所处的空间位置,可分为:

(1)线性尺寸链:尺寸链全部尺寸位于两根或几根平行直线上,称为线性尺寸链(图 5-1)。

(2) 平面尺寸链:尺寸链全部尺寸位于一个或几个平行平面内,称为平面尺寸链。

(3) 空间尺寸链:尺寸链全部尺寸位于几个不平行的平面内,称为空间尺寸链。

当在尺寸链运算中,遇到平面尺寸链或空间尺寸链时,要将它们的尺寸投影到某一共同方位上,变成线性尺寸链再进行计算,故应首先掌握线性尺寸链问题的运用和计算。

3. 按照构成尺寸链各环的几何特征,可分为:

(1) 长度尺寸链:所有构成尺寸的环,均为直线长度量。

(2) 角度尺寸链:构成尺寸链的各环为角度量,或平行度、垂直度等。如图 5-2 所示的角度尺寸链中,$\theta_1,\theta_2,\theta_3$,为组成环,$\theta_\Sigma$ 为封闭环。图 5-2 中,由于平行度和垂直度的表面相互位置关系相当于 0°和 90°的情况,同样构成了封闭角度图形,故也属于角度尺寸链。此图中,若以 A 为基面,两道工序分别加工 C 面与 B 面,要求 C 垂直 $A(\alpha_1=90°)$ 及 $B/\!/A(\alpha_1=0°)$,加工后 B 面也应保持与 C 面垂直(即封闭环 $\alpha_\Sigma=90°$)。这时 $\alpha_1,\alpha_2,\alpha_\Sigma$ 构成了一个角度尺寸链。

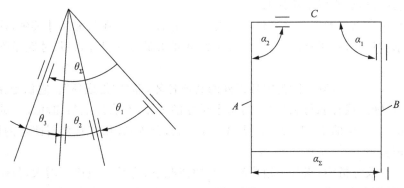

图 5-2 角度尺寸链

4. 按照尺寸链的相互联系的形态,又可分为:

(1) 独立尺寸链:所有构成尺寸链的环,在同一尺寸链中。

(2) 相关尺寸链:具有公共环的两个以上尺寸链组。即构成尺寸链中的一个或几个环分布在两个或两个以上的尺寸链中。按其尺寸联系形态,又可分为并联、串联、混联三种[见图 5-3(a)、(b)、(c)]。

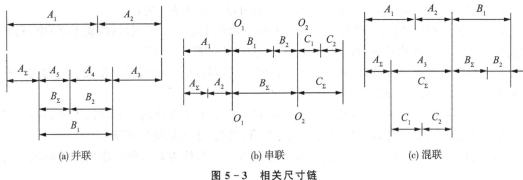

(a) 并联   (b) 串联   (c) 混联

图 5-3 相关尺寸链

并联尺寸链:由几个尺寸链通过一个(或几个)公共环相互联系起来的。如图 5-3(a)

中,A 尺寸链与 B 尺寸链的公共环有两个:$A_5 = B_\Sigma$,$A_4 = B_2$。若公共环中任何一个环的大小有变化时,将同时影响两个尺寸链。

串联尺寸链:每一后继尺寸链,是以其前面一个尺寸链的基面为开始的,即每两个相邻尺寸链有一个共同基面。如图 5 - 3(b)中,当 A 尺寸链内任何一个环大小有变化时,尺寸链的基面 O_1O_2 位置随即改变。

混联尺寸链:兼有并联和串联两种尺寸链的联系形态,如图 5 - 3(c)中,A、B 两尺寸链为串联;A、C 两尺寸链为并联。

5.1.3 尺寸链的计算方法

尺寸链的计算方法,有如下两种:

(1)极值解法:这种方法又叫极大极小值解法。它是按误差综合后的两个最不利情况,即各增环皆为最大极限尺寸而各减环皆为最小极限尺寸的情况,以及各增环皆为最小极限尺寸而各减环皆为最大极限尺寸的情况,来计算封闭环极限尺寸的方法。

(2)概率解法:应用概率论原理来进行尺寸链计算的一种方法。

尺寸链的许多具体计算公式,就是按照这两种不同计算方法,分别推导出来的。

解尺寸链时,有下列三种计算情况。

(1)已知组成环,求封闭环

根据各组成环基本尺寸及公差(或偏差),来计算封闭环的基本尺寸及公差(或偏差),称为"尺寸链的正计算"。这种计算主要用在审核图纸,验证设计的正确性。

例如蜗轮减速箱(图 5 - 4)装配后,我们要求蜗轮上端面与上端轴套底面之间的间隙为 A_Σ。此尺寸可查设计图纸中箱体内壁尺寸 A_1、上下轴承凸肩尺寸 A_2、A_4,以及蜗轮宽度 A_3 进行校核。或者事先检验 A_1、A_2、A_3、A_4 各零件的实际尺寸,就可预知 A_Σ 的实际尺寸是否合格。

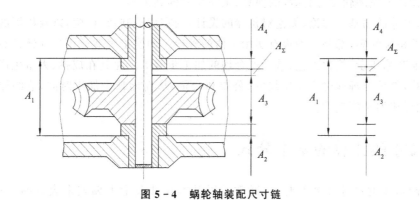

图 5 - 4 蜗轮轴装配尺寸链

(2)已知封闭环,求组成环

根据设计要求的封闭环基本尺寸及公差(或偏差),反过来计算各组成环基本尺寸及公差(或偏差),称为"尺寸链的反计算"。这种计算一般常用于机器设计或工艺设计。

例如图 5 - 1(b)中为车床总装的尺寸链。根据机床标准(《普通车床精度》),要求后顶尖中心线与主轴中心线等高,一般允差为 0.06mm(只允许后顶尖中心高于主轴中心)。这样,封闭环的尺寸及公差均已决定,为 $0+0.06$,设计时我们就可根据它合理地制定各组成环 A_1、A_2 及 A_3 的尺寸公差。

又如图 5-5 为齿轮零件轴向尺寸加工路线和其相应的工序尺寸链。按图纸要求,齿轮厚度及幅板厚度分别为 10 ± 0.15。并已知加工工序如下:

工序 1:车外圆,车两端面后得 $I_1=40$;

工序 2:车一端幅板,至深度 I_2;

工序 3:车另一端幅板,至深度 I_3,并保证 10 ± 0.15。

由上述工序安排可知幅板厚度是按 I_1、I_2、I_3 的尺寸加工后间接得到的。因此,为了保证 10 ± 0.15,势必对 I_1、I_2、I_3 的尺寸及尺寸偏差限制在一定范围内。即已知封闭环 10 ± 0.15,求出各组成环 I_1、I_2、I_3 尺寸及上下偏差。

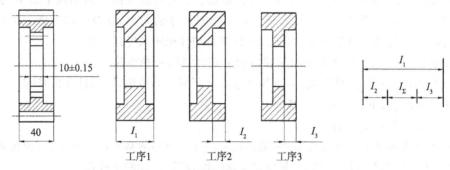

图 5-5　齿轮零件加工方案及尺寸链

(3)已知封闭环及部分组成环,求其余组成环

根据封闭环和其他组成环的基本尺寸至公差(或偏差)来计算尺寸链中某一组成环的基本尺寸及公差(或偏差),其实质属于反计算的一种,也可称作"尺寸链的中间计算"。这种计算在工艺设计上应用较多,加基准的换算、工序尺寸的确定等。

总之,尺寸链的基本理论,无论对机器的设计,或零件的制造、检验,以及机器的部件(组件)装配,整机装配等,都是一种很有实用价值的理论。如能正确地运用尺寸链计算方法,可有利于保证产品质量、简化工艺、减少不合理的加工步骤等。尤其在成批、大量生产中,通过尺寸链计算,能更合理地确定工序尺寸、公差和余量,从而能减少加工时间,节约原料,降低废品率,确保机器装配精度。

5.2　尺寸链计算的基本公式

机械制造中的尺寸和公差要求,通常是以基本尺寸及上下偏差来表达的。在尺寸链计算中,各环的尺寸和公差要求,还可用最大极限尺寸和最小极限尺寸(简称最大尺寸和最小尺寸),或用平均尺寸和公差来表达。这些尺寸、偏差和公差之间的关系,可见图 5-6 所示。

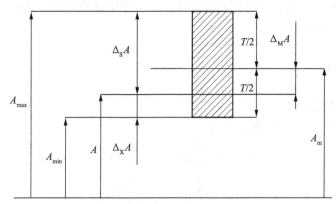

图 5-6 尺寸、偏差和公差之间的关系

为了尺寸链计算时的方便和统一,所用的符号见表 5-1。

表 5-1 尺寸链计算符号表

环名	个数 (总数 N)	代 表 量 符 号								
		基本尺寸	最大极限尺寸	最小极限尺寸	上偏差	下偏差	公差	平均尺寸	平均偏差	误差量
封闭环	1	A_Σ	$A_{\Sigma\,max}$	$A_{\Sigma\,min}$	$\Delta_s A_\Sigma$	$\Delta_x A_\Sigma$	T_Σ	$A_{\Sigma M}$	$\Delta_M A_\Sigma$	$\varepsilon(A_\Sigma)$
增环	m	$\vec{A}_i$	$\vec{A}_{i max}$	$\vec{A}_{i min}$	$\Delta_s \vec{A}$	$\Delta_x \vec{A}$	$\vec{T}_i$	$\vec{A}_{iM}$	$\Delta_M \vec{A}_i$	$\varepsilon(\vec{A}_i)$
减环	$n = N-1-m$	$\overleftarrow{A}_i$	$\overleftarrow{A}_{i max}$	$\overleftarrow{A}_{i min}$	$\Delta_s \overleftarrow{A}$	$\Delta_x \overleftarrow{A}$	$\overleftarrow{T}_i$	$\overleftarrow{A}_{iM}$	$\Delta_M \overleftarrow{A}_i$	$\varepsilon(\overleftarrow{A}_i)$

5.2.1 尺寸链各环的基本尺寸计算

图 5-7 为多环尺寸链,各环的基本尺寸可写成等式为:

$$\vec{A}_1 + \vec{A}_2 + \vec{A}_3 = \overleftarrow{A}_4 + \overleftarrow{A}_5 + \overleftarrow{A}_6 + A_\Sigma$$

或写为:

$$A_\Sigma = \vec{A}_1 + \vec{A}_2 + \vec{A}_3 - \overleftarrow{A}_4 - \overleftarrow{A}_5 - \overleftarrow{A}_6$$

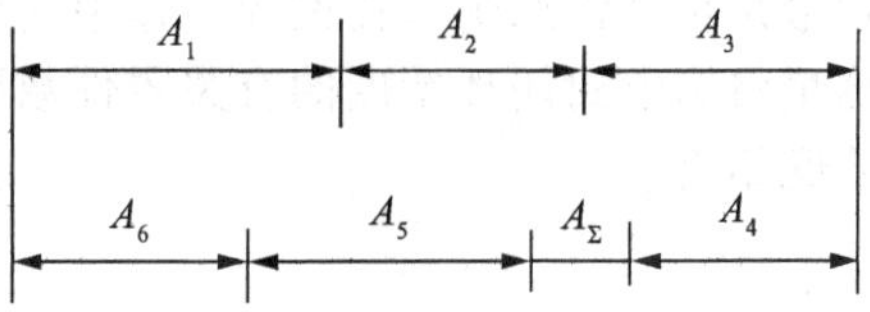

图 5-7 多环尺寸链

由前面所述,任何一个独立尺寸链,其封闭环只有一个,因此,若某一多环尺寸链的总数为 N,则组成环数必为 $N-1$;若设其中增环数为 m,减环数为 n,则必为 $n = N-1-m$。故多环尺寸链的基本尺寸的一般公式可写成:

$$A_\Sigma = \sum_{i=1}^{m} \vec{A}_i - \sum_{j=1}^{n} \overleftarrow{A}_j \qquad (5-1)$$

式(5-1)说明:尺寸链封闭环的基本尺寸(A_Σ),等于各增环基本尺寸(A_i)之和,减去各减环基本尺寸(A_j)之和。

5.2.2 极值解法

1. 各环极限尺寸计算

尺寸链极限尺寸计算的一般公式为:

$$A_{\Sigma\max} = \sum_{i=1}^{m} \vec{A}_{i\max} - \sum_{i=1}^{n} \vec{A}_{i\min} \tag{5-2}$$

$$A_{\Sigma\min} = \sum_{i=1}^{m} \vec{A}_{i\min} - \sum_{i=1}^{n} \vec{A}_{i\max} \tag{5-3}$$

2. 各环上、下偏差计算

若以式(5-2)、式(5-3)分别与式(5-1)相减,可得出封闭环上、下偏差计算的一般公式:

$$\Delta_s A_\Sigma = \sum_{i=1}^{m} \Delta_s \vec{A}_i - \sum_{i=1}^{n} \Delta_x \vec{A}_i \tag{5-4}$$

$$\Delta_x A_\Sigma = \sum_{i=1}^{m} \Delta_x \vec{A}_i - \sum_{i=1}^{n} \Delta_s \vec{A}_i \tag{5-5}$$

由于零件图和工艺卡片中的尺寸和公差,一般均以上、下偏差形式标注,故用式(5-4)、式(5-5)计算更为简便迅速。

3. 各环公差计算

以式(5-2)减式(5-3),即可得出各环公差计算式:

$$T_\Sigma = \sum_{i=1}^{m} \vec{T}_i + \sum_{i=1}^{n} \vec{T}_i$$

或写为:

$$T_\Sigma = \sum_{i=1}^{N-1} T_i \tag{5-6}$$

由此可见:封闭环公差等于所有组成环(包括增环和减环)公差之和。

从式(5—6)还可知道,封闭环公差比任何组成环公差都大。因此,在零件设计时,设计人员应该选择最不重要的环作为封闭环。但在解工艺尺寸链和装配尺寸链时,封闭环是加工中最后自然得到的或是装配的最终要求,不能任意选择。当封闭环公差确定之后,组成环数越多,则每一环的公差就越小,对加工要求就越高。所以在装配尺寸链中,应当尽量减少尺寸链的环数。这一原则叫"最短尺寸链原则",在设计工作中应引起必要的注意,使产品在满足工作性能的条件下,应尽量将影响封闭环精度的有关零件数减少至最少,这样做不仅能使结构简化,而且还能提高装配精度。

5.2.3 概率解法

尺寸链计算中的极值解法的特点是简便、可靠。但在封闭环公差较小、组成环数目较多时,根据式(5-6)所分配给各组成环的公差将过于严格,使加工困难,制造成本增加,甚至无法加工。用概率解法就可以克服这一缺点,事实上它也是更科学的方法。现讨论如下:

1. 各环公差计算

在大批量生产中,一个尺寸链中的各组成环尺寸的获得,彼此并无联系,因此可将它们

看成是相互独立的随机变量。经大量实测数据后,从概率的概念来看,有两个特征数:

算术平均值 A——表示尺寸分布的集中位置。

均方根偏差 σ——说明实际尺寸分布相对算术平均值的离散程度。

又由概率论原理可知,独立随机变量之和的均方差 σ_{Σ},与这些随机变量相应的 σ_i 间的关系为:

$$\sigma_{\Sigma} = \sqrt{\sum_{i=1}^{N-1} \sigma_i^2}$$

这是用概率法解尺寸链时,封闭环误差与组成环误差间的基本关系式。

由于尺寸链计算时,不是均方根偏差间的关系,而是以误差量(或公差)间的关系来计算的,所以上述公式需改写成其他形式。

从加工精度一章可知,当零件尺寸分布为正态分布曲线时其偶然误差量 ε 与均方根偏差 σ 间的关系,可表达为:

$$\varepsilon = 6\sigma, \text{即 } \sigma = \frac{\varepsilon}{6}$$

若尺寸链中各组成环的误差分布,都遵循正态分布规律时,则其封闭环也将遵循正态分布规律。如果取公差带等于 $T = 6\sigma$,则封闭环的公差 T_{Σ} 与各组成环公差的关系式可表达为:

$$T_{\Sigma} = \sqrt{\sum_{i=1}^{N-1} T_i^2} \tag{5-7}$$

式(5-7)说明,当各组成环公差均为正态分布时,封闭环公差等于各组成环公差平方和的平方根。

当零件尺寸分布不为正态分布时,封闭环公差计算时须引入"相对分布系数 K"的概念。K 表示所研究的尺寸分布曲线的不同分散性质,即曲线的不同分布形状。若取正态分布曲线作为比较的根据(即正态分布曲线 $K=1$)时,各种 K 值可参考表 5-2。

当正态分布时:$T = 6\sigma$,即 $\sigma = \dfrac{T}{6}$;

非正态分布时:$\sigma = K\left(\dfrac{T}{6}\right)$。

表 5-2 若干尺寸分布曲线的 K、a 值

分布曲线特征	正态分布	三角形分布	等概率分布	平顶分布	偏态分布	
					试切轴形	试切孔形
分布曲线简图						
相对分布系数 K	1	1.22	1.73	1.1~1.5	≈1.17	≈1.17
相对不对称系数 a	0	0	0	0	≈+0.26	≈−0.26

所以,封闭环公差一般式为:

$$T_{\Sigma} = \sqrt{\sum_{i=1}^{N-1} K_i^2 T_i^2} \tag{5-8}$$

若各组成环公差相等,即令 $T_i = T_M$ $\delta_i = \delta_M$ 时,则可求得各环的平均公差为:

$$T_M = \sqrt{\frac{T_{\Sigma}^2}{N-1}} = \sqrt{\frac{T_{\Sigma}^2}{m+n}}$$

式中,N 是尺寸链的总环数,m 是增环数,n 是减环数。

与用极值解法比较 $\left(\text{其 } T_M = \dfrac{T_{\Sigma}}{N-1}\right)$,在计算同一尺寸链时,用概率解法可将组成环平均公差扩大 $\sqrt{N-1}$ 倍。但实际上,由于各组成环通常未必是正态分布曲线,即 $K > 1$,故实际所求得的扩大倍数比 $\sqrt{N-1}$ 小些。

还应该说明:极值解法时的 T_{Σ} 是包括了封闭尺寸环尺寸变动时一切可能出现的尺寸,即尺寸出现在 T_{Σ} 范围内的概率为 100%;而概率解法时的 T_{Σ} 是在正态分布下取误差范围 $6T_{\Sigma}$ 内的尺寸变动,即尺寸出现在该范围内的概率为 99.73%。由于超出 $6\sigma_{\Sigma}$ 之外的概率仅为 0.27%,这个数值很小,实际上可认为不至于出现,所以取 $6\sigma_{\Sigma}$ 作为封闭环尺寸的实际可能的变动范围是合理的。这就是概率解法较极值解法所求得的封闭环公差会小的本质所在。而且组成环数目越多,由概率解法求得的 T_{Σ} 缩小得也越大。据此推论,在同样的封闭环公差值条件下进行反计算,用概率解法较之极值解法就可得到较大的组成环公差,因而便于加工。

2. 各环算术平均值 A 的计算

在确定了有关环的公差 T 值以后,还需要确定公差带的分布位置。前面已讲过,尺寸分布的集中位置是用算术平均值 A 来表示的。

根据概率论原理,封闭环的算术平均值 $\bar{A}_{\Sigma}$,等于各增环算术平均值 $\vec{A}_i$ 之和减去各减环算术平均值 $\overleftarrow{A}_i$ 之和。即

$$\bar{A}_{\Sigma} = \sum_{i=1}^{m} \vec{A}_i - \sum_{i=1}^{n} \overleftarrow{A}_i \tag{5-9}$$

当各组成环的尺寸分布曲线属于对称分布(正态分布曲线属于对称分布的一种)。而且分布中心与公差带中点重合时,算术平均值 A 即等于平均尺寸 A_M。

将此关系代入(5-9)式中,可得:

$$A_{\Sigma M} = \sum_{i=1}^{m} \vec{A}_{iM} - \sum_{i=1}^{n} \overleftarrow{A}_{iM} \tag{5-10}$$

相应地,上式各环减去基本尺寸就可得到各环平均偏差 $\Delta_M A_i$,可写成:

$$\Delta_M A_i = \sum_{i=1}^{m} \Delta_M \vec{A}_i - \sum_{i=1}^{n} \Delta_M \overleftarrow{A}_i \tag{5-11}$$

当计算出有关环的平均尺寸 A_M 和公差 T 以后,各个环的公差应对平均尺寸注成双向对称分布,即首先写成 $A_M \pm \dfrac{T}{2}$ 形式;然后根据需要,再改注成具有基本尺寸和相应的上、下偏差形式。对于组成环尺寸属于不对称分布时的计算,就不再详述,如需要,可参考有关手册。

虽然概率解法较之极值解法是一种更科学、更合理的方法,但由于计算复杂,使概率解法在应用上受到一定的限制。在组成环数目较少时,目前还是采用简便的极值解法。

5.3　工艺过程尺寸链

5.3.1　基准不重合时的尺寸换算

基准不重合时的尺寸换算,包括测量基准与设计基准不重合时的尺寸换算(即考虑到与测量有关的尺寸换算)及定位基准与设计基准不重合时的尺寸换算(即工艺尺寸换算)。

1. 测量基准与设计基准不重合时的尺寸换算

这种情况在生产实际中是经常遇到的。例如图 5-8 中,图 5-8(a)内三个圆弧槽的设计基准为轴线 A,若为单件小批生产,通过试切法获得尺寸时,显然在圆弧槽加工后,尺寸就无法测量,因此在拟定工艺过程的加工圆弧槽工序时,就要考虑选用圆柱表面为测量基准来换算出尺寸 $t \pm \Delta t$,[图 5-8(b)]。或选用内孔上母线为测量基准来换算出尺寸 $h \pm \Delta h$ [图 5-8(c)]然后,将其尺寸填在工艺卡或标在工序图中。

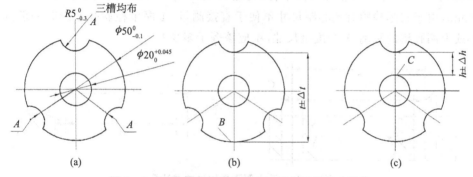

图 5-8　测量基准与设计基准不重合时的尺寸换算

如以下母线 B 为测量基准时,画出图 5-9(a)的尺寸链。因外径 $\phi 50^{0}_{-0.1}$ 是由上道工序加工直接保证的,$t^{\Delta st}_{\Delta xt}$ 尺寸应在本测量工序中直接获得,故均为组成环;而无法直接测量的半径尺寸 $5^{0}_{-0.3}$ 是需在测量别的相关尺寸后间接获得的且满足零件图设计要求的封闭环。该尺寸链中,$\phi 50^{0}_{-0.1}$ 是增环,$t^{\Delta st}_{\Delta xt}$ 是减环。

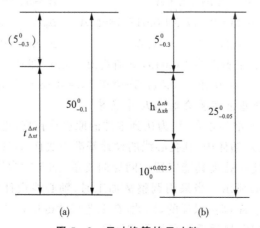

图 5-9　尺寸换算的尺寸链

按式(5-1)求基本尺寸：

$$5 = 50 - t$$

故　　　　　　　　　　　　　　　　$t = 45$

t 的上、下偏差按式(5-4)、式(5-5)算出：

$$0 = 0 - \Delta_x t \qquad \Delta_x t = 0$$

$$-0.3 = -0.1 - \Delta_s t \qquad \Delta_s t = +0.2$$

故 t 的测量尺寸为 $45_0^{+0.2}$。

最后按式(5-6)验算：

$T_5 = T_{50} + T_{45}$，即 $0.3 = 0.1 + 0.2$，可见，计算正确。

同理，如选内孔上母线 C 为测量基准时，画出图5-9(b)尺寸链。这时，以外圆半径 $25_{-0.05}^0$ 为增环，内孔半径 $10_0^{+0.0225}$ 及 $h_{\Delta_x h}^{\Delta_s h}$ 为减环，$5_{-0.3}^0$ 为封闭环。（注意：以半径尺寸代入尺寸链计算时，相对于原直径尺寸，其公称尺寸及上下偏差均减半），计算后可得 h 的测量尺寸为 $10_0^{+0.2275}$。

例：图5-10(a)的零件上加工两个孔，直径 C 为 $\phi 15_0^{+0.035}$ mm，图纸要求孔心距 B 为 80 ± 0.08 mm，由于实际检验时孔心距尺寸不便于直接测量，工序中检验孔心距时一般选取两孔连心线上两孔壁的距离 A 为度量尺寸，A 应该等于多少？

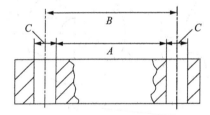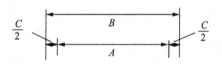

图5-10　孔心距测量的尺寸链计算

解：画出尺寸链如图5-10(b)所示，显然，孔心距为封闭环，而组成环均为增环。作为尺寸链中的环，$C/2$ 的公称尺寸和上、下偏差分别为孔的直径 C 的公称尺寸和上、下偏差值的一半。

可列出以下算式：

$$80 = 7.5 + 7.5 + A \qquad A = 65$$

$$0.08 = 0.0175 + 0.0175 + \Delta_s A \qquad \Delta_s A = +0.045$$

$$-0.08 = 0 + 0 + \Delta_x A \qquad \Delta_x A = -0.08$$

A 的公称尺寸为65，上偏差为 $+0.045$，下偏差为 -0.08，即 $65_{-0.08}^{+0.045}$ mm。

验算：$T_A + T_{C/2} + T_{C/2} = 0.125 + 0.0175 + 0.0175 = 0.16 = T_B$，结果正确。

2. 定位基准与设计基准不重合时的尺寸换算

当定位基准与设计基准不重合时，为达到零件的原设计精度，也需进行尺寸换算。

例如图5-11(a)所示箱体中，其孔心线的设计基准为底面2，其尺寸为 350 ± 0.30，顶面高为 600 ± 0.20。为了使镗孔夹具能安置中间导向支承，加工时常把箱体倒放，用顶面1为定位基准，如图5-11(b)所示。当采用调整法加工时，轴心线设计尺寸则是由上工序尺寸 600 ± 0.20 和本工序尺寸 A 间接保证的，因此，在工艺尺寸链中，350 ± 0.30 为封闭环，600 ± 0.20 为增环，$A_{-\Delta_x A}^{+\Delta_s A}$ 为减环，然后再按有关公式计算。

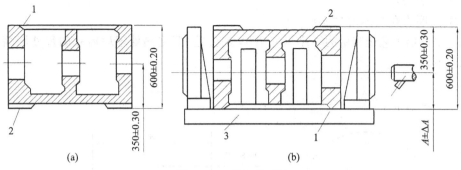

图 5-11　箱体尺寸链

基本尺寸:$A = 600 - 350 = 250$

又因为　　　$T_{350} = T_A + T_{600}$, 即 $0.60 = \delta_A + 0.40$,

所以　　　$T_A = 0.2$, 可以写成 $\Delta A = \pm 0.1$

故 $A^{+\Delta_u A}_{\Delta_l A}$ 的工艺尺寸为 250 ± 0.1

这就比采用底面作定位基准直接获得尺寸 A 的允许误差 ± 0.30 大大缩小了。

如果有另一种情况,若箱体图规定 350 ± 0.30(要求不变)、600 ± 0.40(公差放大),则因为 $T_{600} > T_{350}$,(即 $0.80 > 0.60$),就无法满足工艺尺寸链的基本计算式的关系,即使本工序的加工误差 $\delta_A = 0$,也无法保证获得 350 ± 0.30 尺寸在允许范围之内。这时就必须采取措施:

(1) 与设计部门协商,能否将孔心线尺寸要求放低;

(2) 改变定位基准,即用底面定位加工(这时虽定位基准与设计基准重合,但中间导向支承要用吊装式,装拆麻烦);

(3) 提高上工序的加工精度,即缩小 600 ± 0.40 公差,使 $T_{600} < T_{350}$,(比如上例中 $T_{350} = 0.60$,$T_A = 0.20$,则 $T_{600} = 0.40$ 是允许的);

(4) 适当选择其他加工方法,或采取技术革新,使上工序和本工序尺寸的加工精度均有所提高(比如使压缩 $T_{600} = 0.50$,$T_A = 0.10$),这样也能保证实现 350 ± 0.30 的技术要求。

5.3.2　多工序尺寸换算

上面讨论的是机械加工中单工序内的尺寸链问题,解算尚简单。但在实际生产中,特别当工件形状比较复杂,加工精度要求较高,各工序的定位基准多变等情况下,其工艺过程尺寸链有时不易辨清,需作进一步深入分析,下面介绍几种常见的多工序尺寸换算。

1. 从待加工的设计基准标注尺寸时的计算

例 1:如图 5-12 所示的某一带键槽的齿轮孔,按使用性能,要求有一定耐磨性,工艺上需淬火后磨削,所以键槽深度的最终尺寸 $46^{+0.30}_{0}$ 不能直接获得,因其设计基准内孔要继续加工,所以插键槽时的深度只能作为加工过程中的工序尺寸,拟订工艺规程时应把它计算出来,以便于操作者能按照工艺规程上标注的尺寸完成插键槽的工序。

先列出有关的加工顺序:

工序 1:镗内孔至 $\phi 39.6^{+0.10}_{0}$;

工序 2:插键槽至尺寸 A;

工序 3:热处理;

工序 4:磨内孔至$\phi 40_0^{+0.05}$。

现在要求出工艺规程中的工序尺寸 A 及其公差（假定热处理后内孔的尺寸胀缩较小，可以忽略不计）。

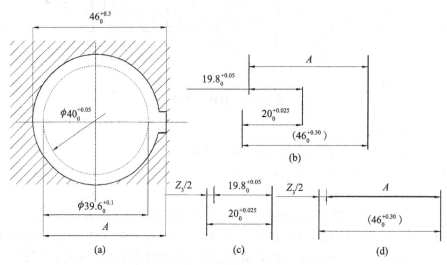

图 5-12　内孔及键槽加工工艺尺寸链

求解时,先按加工路线画出如图 5-12 中的四环工艺尺寸链。其中$46_0^{+0.30}$ 为要保证的封闭环,A 和$20_0^{+0.025}$（即$\phi 40_0^{+0.05}$ 的半径）为增环,$19.8_0^{+0.05}$（即$\phi 39.6_0^{+0.10}$ 的半径）为减环。

按尺寸链基本公式进行计算:

即　　　$46=(20+A)-19.8$

故　　　$A=45.8$

因　　　$+0.30=(+0.025+\Delta_S A)-0$

所以　　$\Delta_S A=0.275$

因　　　$+0=(0+\Delta_X A)-(+0.05)$

所以　　$\Delta_X A=0.05$

因此 A 的尺寸为:$45.8_{+0.050}^{+0.275}$,若按"入体"方向标注,A 可写成$45.85_0^{+0.225}$。

再进行验算:$T_{46}=T_{20}+T_{19.8}+T_A$

即　　　$0.30=0.025+0.050+0.225$,证明计算正确。

因为图 5-12 中看不到尺寸 A 与加工余量的关系,所以还可把图中的尺寸链分解成两个三环尺寸链。在第一个三环尺寸链中,引进的半径余量 $Z_3/2$ 为封闭环,在第二个三环尺寸链中,$46_0^{+0.30}$ 为封闭环,而 $Z_3/2$ 为组成环。由此可见,要保证$46_0^{+0.30}$,就要控制 Z_3 的变化,而要控制 Z_3 的变化,又要控制它的两个组成环$19.8_0^{+0.05}$ 及$20_0^{+0.025}$ 的变化。故工序尺寸 A,既可从图 5-12(b)求出,也可从图 5-12(c)(d)求出。但往往前者便于计算,后者便于分析。

例 2:机械加工中,有时会遇到一个工序同时要保证两个或两个以上尺寸,这也要用工艺尺寸链来换算出工艺尺寸。因为加工零件的一个表面,而要同时满足几个位置精度（即所谓"多尺寸保证"）,通常是比较困难的,所以要求工艺人员事先做到在一张工序图中,只标注一个工序尺寸,如图 5-13 所示的情况。

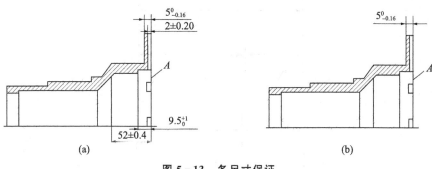

图 5 - 13　多尺寸保证

图 5 - 13(a) 为零件图，表示 A 为轴向主要设计基准、与之有关的尺寸有 $5^0_{-0.16}$、9.5^{+1}_0、$2±0.20$、$52±0.4$。由于 A 面要求高，安排在最后加工，但在图 5 - 13(b) 的磨削工序中，只能注出一个尺寸 $5^0_{-0.16}$，而其他尺寸则需要通过换算来间接保证，这就是加工 A 面时多尺寸保证的工序尺寸计算。

多尺寸保证常发生在主要设计基准表面需要最后加工的时候。因为零件往往有很多尺寸从主要设计基准标注，而它本身的精度和光洁度的要求又高，一般都要精加工，此时其他表面均已加工完毕，这样就出现了多尺寸保证的问题。

此例工序尺寸计算时，可先画出图 5 - 14 的尺寸链。若假定 $5^0_{-0.16}$ 磨前的车削尺寸控制在 $A±\Delta A=5.3±0.05$（即车端面的经济精度）。此时所留的磨削余量 Z 为封闭环，可求出：

$$+\Delta_s Z=+0.05-(-0.16)=+0.21$$

$$+\Delta_x Z=-0.05-0=-0.05$$

因此，余量的尺寸为 $Z=0.3^{+0.21}_{-0.05}$，即控制在 $0.51\sim0.25$mm 之间。

当然，其他各尺寸在磨前也应控制好一定要求，才能在磨 A 面后同时达到各个应该保证的尺寸。此时，各个磨 A 面后自然形成的尺寸为封闭环，磨削余量 $Z=0.3^{+0.21}_{-0.05}$ 就成为组成环了。可按图 5 - 14 所示的尺寸链分析，便能逐个求得各磨前尺寸分别为：$B=2.3^{+0.15}_{+0.01}$，$C=9.8^{+0.95}_{+0.21}$，$D=52.3^{+0.35}_{-0.19}$。

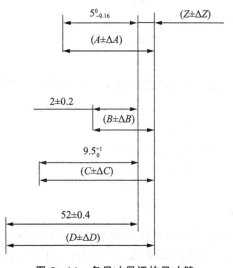

图 5 - 14　多尺寸保证的尺寸链

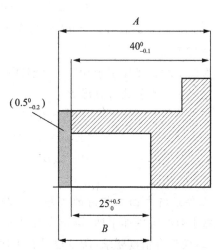

图 5 - 15　轴套零件的加工

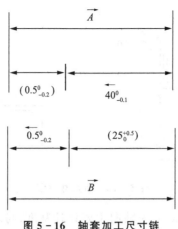

图 5 - 16　轴套加工尺寸链

例 3：一个轴套零件的加工如图 5 - 15 所示，也是一个多尺寸保证时工序尺寸换算的实例。该轴套零件的整个加工工艺过程加下：

（1）车大端端面与大外圆；

（2）车小端端面与小外圆；

（3）镗内孔及内端面；

（4）淬火；

（5）磨小端面。

为了最终磨削后能同时保证 $40_{-0.1}^{0}$、$25_{0}^{+0.5}$ 两尺寸要求的实现，需要恰当控制 A 和 B 的尺寸及偏差。

从分析上述工艺可知，A 和 B 的尺寸在前三道工序中已经直接获得，而淬火后磨小端面时既要保证 $40_{-0.1}^{0}$，又要保证 $25_{0}^{+0.5}$；在工序图中要求工人只能直接控制一个精度较高的尺寸 $40_{-0.1}^{0}$。因此，可画出图 5 - 16 上部的尺寸链。A 为增环，$40_{-0.1}^{0}$ 为减环，磨削余量 $0.5_{-0.2}^{0}$ 为封闭环。可算出 A：

$$0.5 = A - 40,\qquad\qquad 故\ A = 40.5$$
$$0 = \Delta_{\mathrm{S}}A - (-0.1)\qquad 故\ \Delta_{\mathrm{S}}A = -0.1$$
$$-0.2 = \Delta_{\mathrm{X}}A - 0\qquad\quad 故\ \Delta_{\mathrm{X}}A = -0.2$$

所以 $A = 40.5_{-0.2}^{-0.1}$

因为加工时直接控制于 $40_{-0.1}^{0}$，必然间接获得 $25_{0}^{+0.5}$，故它在图 5 - 16 下部的尺寸链中为封闭环。代入基本公式可算出 B：

$$25 = B - 0.5\qquad\qquad\quad 故\ B = 25.5$$
$$+0.5 = \Delta_{\mathrm{S}}B - (-0.2)\quad 故\ \Delta_{\mathrm{S}}B = +0.3$$
$$0 = \Delta_{\mathrm{X}}B - 0\qquad\qquad 故\ \Delta_{\mathrm{X}}B = 0$$

所以 $B = 25.5_{0}^{+0.3}$

2. 零件进行表面工艺时的工序尺寸换算

机器上有些零件如手柄、罩壳等需要进行镀铬、镀铜、镀锌等表面工艺，目的是为了美观和防锈，表面没有精度要求，所以也没有工序尺寸换算的问题；但有些零件则不同，不仅在表面工艺中要控制镀层厚度，也要控制镀层表面的最终尺寸，这就需要用工艺尺寸链进行换算了。计算方法按工艺顺序的不同而不一样。

例 1：大量生产中，一般采用的工艺：车—磨—镀层。

如图 5 - 17 所示圆环，外径镀铬，要求尺寸 $\phi 28_{-0.045}^{0}$，并希望镀层厚度 0.025～0.04（双边为 0.05～0.08）。机械加工时，控制镀前尺寸 $\phi A_{\pm \Delta_x A}^{\pm \Delta_s A}$ 和镀层厚度（由电镀液成分及电镀时参数决定），而零件要求尺寸是镀后间接保证的，所以它是封闭环。按圆环的直径尺寸和双边镀层厚度（也可按圆环的半径尺寸及单边镀层厚度）列出工艺尺寸链，解之得：

$$A = 28 - 0.08 = 27.92$$
$$0 = 0 + \Delta_s A \qquad\qquad 故 \ \Delta_s A = 0$$
$$-0.045 = -0.03 + \Delta_x A \quad 故 \ \Delta_x A = -0.015$$

即镀前尺寸为 $\phi 27.92_{-0.015}^{0}$

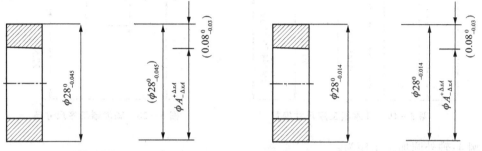

图 5 - 17　镀层零件工艺尺寸链之一　　　　　　图 5 - 18　镀层零件工艺尺寸链之二

例 2：单件、小批量生产中，常因电镀工艺不易稳定；或由于对镀层的精度、表面质量要求很高（例如直径上公差要控制在 0.01 左右以内）就难以实现预定要求，这时，往往在电镀后再安排一道精加工。其工艺路线为：车—磨—镀层—磨。

如图 5 - 18 镀铬零件，外圆精度提高至 $\phi 28_{-0.014}^{0}$，这就不能直接控制镀层厚度，而要以磨削工序来保证此尺寸了。换算镀前尺寸 $A_{\pm \Delta_x A}^{\pm \Delta_s A}$ 时应注意，磨后的镀层厚度（若仍要求控制在 0.05～0.08）是间接保证的封闭环，列出尺寸链解之，得：

$$A = 28 - 0.08 = 27.92$$
$$0 = 0 - \Delta_x A \qquad\qquad 故 \ \Delta_x A = 0$$
$$-0.03 = -0.014 - \Delta_s A \qquad 故 \ \Delta_s A = +0.016$$

即镀前尺寸应为 $27.92_{0}^{+0.016}$

由于镀后还有一道磨削工序，所以实际镀后尺寸应是 $\phi 28_{-0.014}^{0}$ 加上磨削余量。

此外，为保证零件渗氮、渗碳层深度，也应进行工序尺寸换算。这类尺寸链中亦应以渗氮层或渗碳层深度为封闭环。

例 3：图 5 - 19 所示一个轴颈衬套，材料为 38CrMoAlA，要求内孔渗氮，磨削后，控制渗氮层深度单边为 0.3～0.5（即双边为 0.6～1.0）。其工艺顺序如下：

工序 1：磨内孔 $\phi 144.76_{0}^{+0.04}$，

工序 2：渗氮，

工序 3：磨内孔到尺寸 $\phi 145_{0}^{+0.04}$，

求磨前渗氮的工序尺寸 $t_{+ \Delta_x t}^{+ \Delta_s t}$

画出直径上的工艺尺寸链，渗氮深度为封闭环。

解之得：

$$t = (145 + 0.6) - 144.76 = 0.84$$

$$+0.40 = (+0.04 + \Delta_s t) - 0 \qquad 故 \Delta_s t = +0.36$$

$$0 = (0 + \Delta_x t) - (+0.04) \qquad 故 \Delta_x t = +0.04$$

磨前渗氮深度应控制在 $t = 0.84^{+0.36}_{+0.04}$（即直径上渗氮层双边尺寸为 0.88～1.20mm 间）。

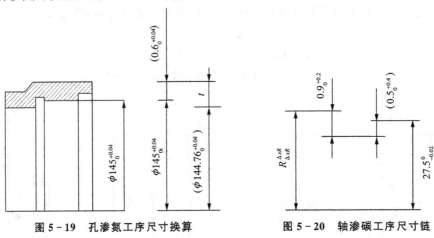

图 5-19　孔渗氮工序尺寸换算　　　　图 5-20　轴渗碳工序尺寸链

例 4：轴外圆加工工序为：

工序 1：车削使直径尺寸为 D；

工序 2：渗碳，在给定的热处理工艺条件下的工艺渗碳层深度为 0.9～1.1mm；

工序 3：磨外圆使直径尺寸为 $\phi 55^{0}_{-0.04}$，最后需获得渗碳层深度 0.5～0.9mm。

计算车削工序中获得的直径尺寸 D。

解：设车削工序中获得的半径尺寸为 R，按 R 计算，根据所给条件，车削后的半径尺寸 $R^{\Delta_s R}_{\Delta_x R}$、车削表面以下的工艺渗碳层深度尺寸 $0.9^{+0.2}_{0}$ 以及磨削后的半径尺寸 $27.5^{0}_{-0.02}$ 是组成环，工序 3 完成后磨削表面以下所保留的渗碳层深度 $0.5^{+0.4}_{0}$ 为封闭环，可据此画出相应的尺寸链（图 5-20）和列出以下算式：

$$0.5 = 0.9 + 27.5 - R \qquad\qquad R = 27.9$$

$$0.4 = 0.2 + 0 - \Delta_x R \qquad\qquad \Delta_x R = -0.2$$

$$0 = 0 - 0.02 - \Delta_s R \qquad\qquad \Delta_s R = -0.02$$

按直径标注 D 的公称尺寸为 55.8，上偏差为 −0.04，下偏差为 −0.4，即 $\phi 55.8^{-0.04}_{-0.4}$，由于 D 是工序尺寸，按入体原则，标注为 $\phi 55.76^{0}_{-0.36}$。

工艺尺寸链的计算在工业实际中应用很广，本书只是介绍了其中较为常见的几种，更深入的内容可参见有关手册。

习题与思考题

1. 在零件尺寸链中，封闭环是怎么形成的？

2. 在装配尺寸链中，封闭环的实际意义是什么？

3. 某尺寸链如图示，设 A_0 为封闭环，确定其余各尺寸是增环还是减环。

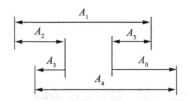

4. 解尺寸链时,什么是正计算、反计算及中间计算?

5. 某尺寸链有 17 个环,其中封闭环公差为 0.6mm,分别按极值法和概率法得到的各组成环平均公差有何不同,原因何在,对生产实际的意义是什么?

6. 某零件的内孔加工顺序如下:(1)车削内孔至 $\phi 31.8_0^{+0.04}$;(2)渗碳,要求工艺渗碳层深度为 $t_0^{+\delta t}$;(3)磨削内孔至 $\phi 32_{+0.010}^{+0.035}$,要求此时保证渗碳层深度为 0.1～0.3mm。求渗碳工序中的工艺渗碳层深度 $t_0^{+\delta t}$。

7. 轴的零件图上要求外圆直径为 $\phi 30_{-0.05}^0$ mm,渗碳深度为 0.5～0.8mm,加工工序为车削、渗碳、磨削。该轴在给定的渗碳工艺参数下所获得的工艺渗碳层深度为 0.8～1.0mm,试计算该轴在渗碳前的车削工序中的外圆直径尺寸。

8. 内孔加工工序为:镗孔使直径尺寸为 B;渗碳,在给定的热处理工艺条件下的渗碳层厚度为 0.9～1.1mm;磨内孔使直径尺寸为 $\phi 55_{-0.04}^0$,最后需获得渗碳层深度 0.5～0.9mm。计算镗孔工序中的直径尺寸 B。

9. 轴的加工过程如下:(1)车外圆至 $\phi 25.3_{-0.084}^0$;(2)安装在 V 型块上铣键槽,使轴的上母线至键槽底部的尺寸为 A;(3)渗碳淬火,渗碳层厚度为 t;(4)磨外圆至 $\phi 25_{-0.014}^0$。轴的最终技术要求:外圆渗碳层厚度 0.9～1.1mm,轴的下母线至键槽底部的尺寸为 $21.2_{-0.14}^0$。求工序尺寸 A 和渗碳时的工艺渗碳层厚度 t。

10. 轴的加工过程如下:(1)粗车外圆至尺寸 A;(2)外圆面镀铜;(3)磨外圆至 $\phi 30_{-0.015}^0$;(4)最终技术要求:外圆面镀层厚度 0.03～0.05mm。求工艺尺寸 A。

6 成组技术与成组加工工艺

6.1 成组技术产生的背景

现代机械制造业的生产结构中,多品种、中小批量生产类型的企业占主导地位。随着科学技术的迅速发展和社会需求的多样化,要求产品不断更新换代,因而更增加了多品种、小批量生产的比重。然而中小批量生产企业的劳动生产率却相当低,其成本往往要比大批生产的成本高十多倍以上。这是因为传统的生产组织模式是以孤立产品为基础。某一种产品批量大,就可采用先进的工艺方法和高效率专用设备,而批量小的产品只能沿用低效率的常规工艺方法和通用设备。

在工艺和生产准备方面也是以少数产品为对象。每当产品变换或更新时,必须付出大量甚至重复性的劳动去制订工艺规程,设计和制造工艺装备等。而且目前成批生产类型的工厂,往往按产品或部件组织封闭车间,加工设备按机群式布置,即机床按其功能类别排列,并相应地划分班组。这样,多工序零件必然在车间内周转往返,生产周期长,设备利用率低。这些情况说明正是由于"批量法则"的作用,妨碍了中小批量产品提高生产率和降低成本。

如何改变传统的中小批生产企业的落后面貌?成组技术正是在这种背景下发展起来的一门新技术,它突破了局限于单一产品的批量概念,以成组批量代替单独批量。使中小批生产能够采用先进技术和自动化设备,提高了生产效率,稳定了质量,降低了成本。除加工范畴外,成组技术已渗透到企业生产活动的各个方面,如产品设计生产准备和计划管理等,并成为现代数控技术、柔性制造系统和高度自动化的集成制造系统的基础。

6.2 成组技术原理

成组技术 GT(Group Technology)是从成组加工发展起来的,经过多年的发展,其概念和科学技术范畴从一种先进的机械加工方法、一套先进的工艺制造技术拓展为一种科学制造原理和一套高效益的新型生产系统。成组技术基于现代科技基础,将成组哲理深入有效地应用于机械制造业,以实现产品生产全过程的合理化,它已成为具有系统工程性质的现代技术。成组技术可应用在机械制造各领域,本章主要介绍成组技术在机械加工中的应用。

机械产品的零件虽然千变万化,但客观上存在着大量的相似性。有许多零件在形状、尺寸、精度和材料等方面是相似的,从而在加工工序、定位安装、机床设备以及工艺路线等各个方面都呈现出一定的相似性。

成组技术就是对零件的相似性进行标识、归类和应用的技术,其基本原理是根据零件的结构形状特征和加工工艺特征,对多种产品的各种零件按规定的法则标识其相似性,按一定的相似程度将零件分类编组,再对成组的零件制定统一的加工方案,这就把针对"某一种"零件来组织生产转变为针对"某一类"零件来组织生产,实现生产过程的合理化。

6.3　分类编码方法

6.3.1　分类编码系统

分类编码是对每个零件赋予字母或数字符号,用以描述设计和工艺基本特征信息。它是标识相似性的手段。依据编码按一定的相似性和相似程度再将零件划分为加工组。因此它是成组技术的重要内容,其合理与否将会直接影响成组技术的经济效果,为此各国在成组技术的研究和实践中都首先致力于分类编码系统的研究和制订。

分类编码方法的制订应该同时从设计和工艺两个方面来考虑。

从设计角度考虑应使分类编码方法有利于零件的标准化,减少图纸数量,也就是减少零件品种,统一零件结构设计要素。

从工艺角度来看则应使具有相同工艺过程和方法的零件归并成组,以扩大零件批量。但是考虑到零件的工艺过程在很大程度上决定于零件的结构形状,而工艺方法又是在不断改进提高的,因此可以把编码数字分为以设计特征为基础的主码和以工艺特征为基础的辅码。

目前国外采用的常用分类方法有 20 多种,编码位数较少的有 4～9 位,也有 10 余位、20 余位的,甚至有多达 80 位的。当今主要的分类方法有德国的 OPITZ(9 位)、英国的 Brisch(主码 4～6 位,另有一组副码,位数按需要而定)、日本的 KK - 3(21 位)等,我国的编码系统有 JCBM - 1(9 位)、JLBM - 1(15 位)等。

随着成组技术应用范围的日益扩大,分类编码的种类已发展到用于焊接、钣金冲压、铸造、装配等工艺过程中,并且研究开发了进一步说明零件结构特征和工艺细节的编码系统以及扩大编码系统使用范围的柔性码。

码位长度和每一码位包含的信息容量都是固定的分类编码系统,如 OPITZ、JLBM - 1 等,人们称之为刚性分类编码系统。生产实际表明,刚性分类编码系统在完整、详尽地描述零件结构特征和加工特征方面还不能很好满足制造系统中不同层次、不同方面的需求。因此,出现了柔性编码系统,其码位长度和每一码位所含的信息量都可以根据描述对象的复杂程度柔性变化,没有固定的码位设置和码的含义。

柔性编码系统的结构由固定码和柔性码两部分组成。固定码主要用于零件分类、检索和描述零件的整体信息,基本上起传统编码的作用;柔性码则详细地描述零件各部分结构特征和工艺信息,用于加工、检测等环节。柔性码要面向形状待征,要详细地描述零件各加工部分的形状要素及与加工有关联的几何信息和工艺信息。目前,柔性编码系统尚在发展之中。

　　JLBM－1系统是我国机械工业部门为机械加工中推行成组技术而开发的一种零件分类编码系统。JLBM－1系统可以说是OPITZ系统和KK－3系统的结合，它克服了OPITZ系统的分类标志不全和KK－3系统环节过多的缺点。

　　JLBM－1系统是一个十进制15位代码的混合结构分类的编码系统，它采用了OPITZ法的基本结构，为了弥补OPITZ系统的不足，把OPITZ系统的形状加工码予以扩充，把OPITZ系统的零件类别码改为零件功能名称码，把热处理标志从OPITZ系统中的材料热处理码中独立出来，主要尺寸码也由原来一个环节扩大为两个环节。因为系统采用了零件功能名称码，扩充了形状加工码，所以它也吸取了KK-3系统的优点。从而它比OPITZ系统可以容纳更多的分类标志，在总体组成上也比OPITZ系统简单，因此也易于使用。JLBM－1系统基本结构如图6-1所示。

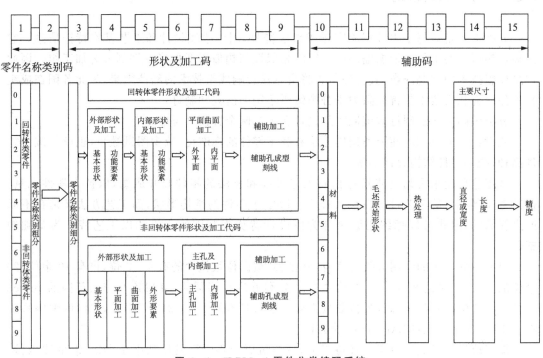

图6-1　JLBM－1零件分类编码系统

　　JLBM－1系统力求能满足行业中各种不同产品零件的分类使用，但是要想满意地达到这一目标是相当困难的。因为机械产品小如精密仪表，大至重型机器，产品零件的品种范围极广，所以想要用一个产品零件分类编码系统包罗万象，那是不太可能的，为此，系统中的形状加工环节完全可以由企业根据各自产品零件的结构和工艺特征自行设计安排。而零件功能：名称、材料种类与毛坯类型、热处理、主要尺寸、精度等环节则应该成为JLBM－1系统的基本组成部分。做好这一部分的统一工作，使之具有通用性，其意义便十分深远。

　　JLBM－1分类系统包含各种具体分类表，其中，名称类别分类表决定零件的第一、第二码位；回转类和非回转类零件分类表分别决定回转体和非回转体零件的第三～第九码位；材料、毛坯、热处理分类表决定零件第十～第十二码位；主要尺寸、精度分类表决定零件第十三～第十五码位。

在贯彻 JLBM－1 系统前,先应对零件名称统一,否则将会造成混乱,从而达不到成组技术所要求的分类目的。

JLBM－1 系统还存在着纵向分类环节数量有限、标志不全等缺点,随着使用过程中问题的不断出现并予以改进,将会使 JLBM－1 系统日趋完善。

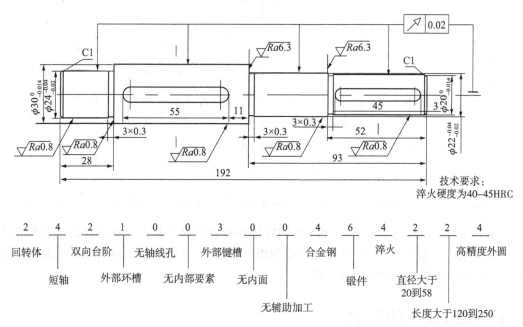

图 6－2 按 JLBM－1 系统对所示零件的分类编码示例

6.3.2 特征矩阵表

特征矩阵表是以矩阵形式来表示零件的各种特征,由计算机进行识别、统计、储存,提供给零件分组和各种统计工作用,也是计算机辅助工艺规程编制或数控编程等计算机辅助制造的重要数据文件。

特征矩阵表是将零件的分类代号转化为一个两维数组,即用矩阵相应的行和列的数字来表示,"列"表示零件代号的位数,"行"表示每个位数上可能出现的分类特征数字。如果矩阵表中行与列汇交处所表示的特征确是零件所有,则记以 1,反之记以 0。

例如图 6-2 所示零件的代码（2 4 2 1 0 0 3 0 0 4 6 4 2 2 4）转化为一个两维数组（1,2；2,4；3,2；4,1；5,0；6,0；7,3；8,0；9,0；10,4；11,6；12,4；13,2；14,2；15,4）,取出其中任何一个两维数进行处理时就知道是位于零件代码的"哪一位"和"是什么值",为代码的自动化处理带来便利。

将该两维数组转化为特征矩阵表（表 6-1）,注意到第一行到第九行分别对应数字 0 到 9,则在特征矩阵表中第一列第三行处标注 1,代表两维数（1,2）,表示该零件属于销、杆、轴类的回转体,第一列的其他各行均为 0,说明皆非零件的特征,在第二列第五行处标注 1,代表两维数（2,4）,表示该零件为短轴,其余类推。

表 6-1　特征矩阵

	1	2	3	4	5	6	7	8	9	10	11	12	13	14	15
0	0	0	0	0	1	1	0	1	1	0	0	0	0	0	0
1	0	0	0	1	0	0	0	0	0	0	0	0	0	0	0
2	1	0	1	0	0	0	0	0	0	0	0	0	1	1	0
3	0	0	0	0	0	0	1	0	0	0	0	0	0	0	0
4	0	1	0	0	0	0	0	0	0	0	1	1	0	0	1
5	0	0	0	0	0	0	0	0	0	0	0	0	0	0	0
6	0	0	0	0	0	0	0	0	0	0	1	0	0	0	0
7	0	0	0	0	0	0	0	0	0	0	0	0	0	0	0
8	0	0	0	0	0	0	0	0	0	0	0	0	0	0	0
9	0	0	0	0	0	0	0	0	0	0	0	0	0	0	0

　　对于归为同一组的零件,由各个零件的特征矩阵表可以汇集得到该零件组的特征矩阵表,综合储存于计算机中,就构成各零件组的矩阵表系统,可供查找零件所属的组使用。此外还可编制机床或机床组特征矩阵表。

6.4　成组加工的概念

　　成组技术首先是从成组加工发展起来的。划分为同一组的零件可以按相同或相近的工艺路线在同一设备(如多工位成组专用机床)、生产单元或生产线上进行加工。

　　相同或相近的工艺路线意味着工序内容相同或相近,可以确定所需要的加工机床的种类和数量,这些机床设备就组成一个生产单元来加工这一类的零件。

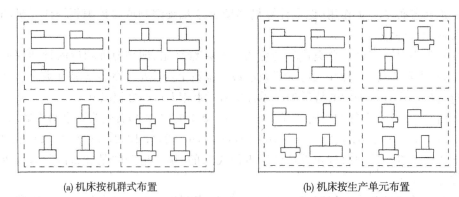

(a) 机床按机群式布置　　　　　　　　　　　　(b) 机床按生产单元布置

图 6-3　不同的机床布置

　　机床按生产单元布置,也就是每个生产单元均按某类零件的工艺流程所需的机床来布置,如图 6-3(b)所示,当变换加工对象时,由于结构和工艺的相似,只需对夹具和刀具作适当调整,便可进行加工,大大节省了准备终结时间。与图 6-3(a)所示的传统车间内的机群式布置相比,机床按生产单元布置使加工过程中的周转和堆积减少,在生产单元的小范围内工件原则上可以逐件或多件传递,如果设置传送装置,效率更高。

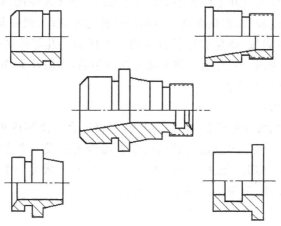

图 6-4 零件组和主样件

对于一组零件,常可按照该组中一个具有代表性的零件即主样件来编制成组加工工艺。

如图 6-4 所示的回转体零件组,它们在结构上和工艺上的特点可以用中间的主样件来代表,即主样件的工艺过程可代表这一组内其余零件的全部加工要求。

主样件可以是实际存在的,也可以是人为构思拟定的。显然,各零件按工序内容相似的原则归并成零件组后,批量显著增大,这样就可相应地采用高效加工方法和设计专用工艺装备。

对多数非回转体零件而言,其主样件常常是既不实际存在,又难以人为构思的。所以它们的成组工艺往往按照该零件的复合工艺来编制的,该复合工艺包含了这一组零件的全部加工要求。

6.5 成组加工工艺

在机械加工方面实行成组技术时,其工艺准备工作包括下述各项内容。

1. 对零件分类编码,划分零件组

零件组的划分主要依据工艺相似性,因此确定相似程度很重要。若按代码完全相同的零件划为一组,则同组零件相似性很高而批量很少,不能体现成组效果,但若将不同类别零件分为一组,虽然同组内零件很多但相似性太差,将使成组工艺规程、成组夹具和设备选择难以进行,同样不能取得成组效益。

相似程度应依据零件特点、生产批量和设备条件等因素来确定。

主要的分组方法有两种。(1)特征数据法,即从全部代码中选定对加工影响大的代码作为分组依据,不考虑那些影响不大的码位。哪些代码对加工的影响大,不同的行业从不同的角度可以有不同的认定。例如对于 JLBM-1 分类系统,第一位代码是零件类别,包括是否是回转体、如果是回转体,其长径比是何种范围等,这就规范了箱体类、板块类、轴类及盘套类等零件类型;第二位代码描述是否是齿轮、是否有螺纹等,第三位代码是外形要素,如是否有台阶、台阶是单向还是双向等,这些都涉及加工工艺的类型;第十位是材料代码,不同的材料如铸铁、碳钢、合金钢、有色合金需要不同的加工方法,第十三位、第十四位是主要尺寸范围,不同尺寸范围的零件需要在不同大小的设备上加工,通常这些代码都可能被选定为对加工影响大的代码。(2)码域法,根据全部零件结构特征分布状况,设备加工范围和负荷、工艺装备等条件制订分组的码域,即包容分组特征的一个区域。凡零件各码位上的编码落在该码域内,就可考虑划分为同一零件组。按上述方法分组后,一般还需作必要的调整。此外零件分组法中还有生产流程分析法

2. 拟定成组工艺路线

选择或设计主样件,按主样件编制工艺路线,它将适合于该零件组内所有零件的加工。但对结构复杂的零件,要将组内全部形状结构要素综合而形成一个主样件,常常是困难的。此时可采用流程分析法,即分析组内各零件的工艺路线,综合成为一个工序完整、安排合理、适合全组零件的工艺路线,编制出成组工艺卡片。

3. 选择设备并确定生产组织形式

成组加工的设备可以有两种选择,一是采用原有通用机床或适当改装,配备成组夹具和刀具;一是设计专用机床或高效自动化机床及工装,这两种选择相应的加工工艺方案差别很大,所以拟定零件工艺过程时应考虑到设备选择方案。各设备的台数根据工序总工时计算,应保证各台设备首先是关键设备达到较高负荷率,一般可以留 $10\%\sim15\%$ 的负荷量供扩大相似零件加工之用。此外设备的利用率不仅是指时间负荷率,还包括设备能力的利用程度,如空间、精度和功率负荷率。

4. 设计成组夹具、刀具的结构和调整方案

这是实现成组加工的重要条件,将直接影响到成组加工的经济效果。因为改变加工对象时,要求对工艺系统只需少量的调整,如果调整费事,相当于生产过程中断,准备终结时间延长,就体现不出"成组批量"了。因此对成组夹具、刀具的设计要求是改换工件时调整简便、迅速、定位夹紧可靠,能达到生产的连续性,调整工作对工人技术水平要求不高。

成组夹具应该有较大的通用性,以适合同组各类零件的装夹,为此成组夹具一般由通用基体和可换可调件两部分组成,通用基体包括夹具体、传动装置和夹紧机构等,它们对于零件组是通用的,可换可调件包括定位元件、夹紧元件和导向元件等,这部分是针对同组各种零件设计的,可以采用更换和调节方式。设计时应确保刚性好、精度高。若结构形状不规则或零件组结构特征差异较大,将增加成组夹具设计的困难和复杂性。这再次说明零件组划分的重要性。

5. 计算经济效果

成组加工应做到在稳定地保证产品质量的基础上,达到较高的生产率(单件工时 $2\sim60\mathrm{min}$)和较高的设备负荷率($60\%\sim70\%$ 以上)。因此根据以上制定的各类零件的加工过程,计算单件时间定额及各台设备或工装的负荷率。若负荷率不足或过高,则可调整零件组或设备选择方案。

6.6　成组加工生产组织形式

随着成组加工的推广和发展,它的生产组织形式已由初级形式的成组单机加工逐步发

展到成组生产单元、成组流水线和自动线,最终到较先进的柔性制造系统。

1. 成组单机加工或多工位成组专用组合机床

成组单机加工是由一台设备完成零件组全部加工过程,例如在六角车床、自动车床上加工回转零件。显然其成组零件的结构形状要素不能差异过大,相似程度必须很高。

成组工序,即一台设备只完成成组零件的某一工序,其余工序可以仍然是单独工序,或者是成组工序,分别在其他机床上进行。

若成组零件加工部位及工艺过程相似而工序不长,则可以采用多工位成组专用组合机床。例如要加工某型铣床的拨叉,这类零件共 14 种,构成一个零件组,由一台八工位组合机床加工,其中六个加工工位采用相同规格的动力头,只是改变某些传动齿轮得到不同转速,简化了专用机床设计制造。每个工位上有一个成组夹具,可以很方便地更换定位夹紧件,以适应各种不同形状和大小的拨叉。拨叉零件由单独工艺改为成组工艺,由成组专用组合机床加工后,质量稳定,工序集中,设备满负荷工作,工效提高六倍。

2. 成组生产单元

这是指把工艺上相似的若干零件组,封闭在完成其工艺过程所需的、由一组设备构成的一块生产面积内,这块面积构成的封闭生产系统就称做生产单元。亦可简单概括为与完成零件组全部工艺过程相对应的一组设备。它是成组加工车间的基本生产单位。

它的工艺流程是可以进行调整和改变的,各个工序的生产节拍也可各不相同,因此它的工艺过程具有较大灵活性。由于生产单元设备按工艺流程布置,零件可以按件而不必按批在工序间输送,大大缩短了零件的在制时间和减少了在制品数量。目前已为实行成组工艺的中小批生产企业广泛使用。但由于它主要是依靠普通机床,还不能全面发挥成组加工的潜力,生产单元内设备负荷的均衡也易受到生产任务变化的影响。

3. 成组生产线

它是严格按照零件组的工艺过程建立起来的,每台设备规定固定的工序和节拍,一般在线上配备有 40% 以上的高效机床,所以又进一步减少了零件在工序之间的积压,缩短了生产周期。

成组生产线又有流水线和自动线两种形式。成组流水线是零件在工序之间的运输采用滚道或小车,它能加工的零件种类较多,一般为 30 种,有的可达 200 种以上,在线上工件每次投产的批量变化较大,如 10~300 件/批,所以它的适应性较大。成组自动线则是采用各种自动输送机构来输送工件,效率更高,但能加工的工件种类不超过 10 种,批量也不能变化过大,因为它的工艺能力变化范围较小。

4. 柔性制造系统

成组自动线要求组内零件具有较大的相似性。为发展多品种小批量生产,要求生产系统具有更大的柔性,柔性制造系统在应用现代电子技术基础上,使多品种成组生产达到高度自动化。柔性制造系统一般由计算机信息控制系统、自动化物料输送系统和多工位数控加工系统三部分组成,在系统内部,各工序之间的联系不像刚性自动线那样由固定节拍决定,而是由计算机实时控制,可以根据需要改变工序顺序与周期,能在一定范围内完成相似零件组中不同零件的不同工序,不必停机调整,使多品种成组生产达到较高程度地自动化。

6.7　成组技术的成效

成组技术把针对"某一种"零件的加工转化为针对"某一类"零件的加工,是一种面向多品种、变批量生产的先进技术,它带来了显著的成效:

(1)使零件批量大大增加。这是成组技术最重要的作用与效果之一。批量的扩大是由两个方面达到的:一是在设计方面,通过重复利用原有产品零件图纸和设计标准化、规格化而减少了零件品种规格的多样化;二是在工艺方面,通过分类分组把不同产品上结构工艺相似的零件合并成组。因为只要零件尺寸相当且工序内容相似,便可归并成一个加工组,这就更进一步地扩大了批量,扩大批量的结果使工艺落后的中小批生产方式能采用高效先进设备,大大提高生产率,也使产品质量稳定。

(2)促进产品设计标准化。传统的产品设计工作专人负责,各产品之间很少有继承性,而且要继承和沿用老产品的零件也困难,因为成千上万张图纸难以查找和记忆。采用成组工艺后,由于建立了产品零件分类编码系统,新产品设计时就可按照分类编码查阅所有老产品的同类零件,经比较后决定是否重复利用、部分修改或少数重新设计。这样将大大减轻设计劳动及缩短新产品设计周期和费用。此外零件的分类编码和集中储存,更有利于实现结构形状和尺寸参数的标准化和规格化,减少了零件规格品种。

(3)从根本上改变了多品种小批量生产传统的生产技术准备工作的方法和内容,不必再为新产品的每个零件编制工艺规程,只需按其分类编码并入相同编码的零件组中。当然工艺装备的设计和制造也大为节省,只需设计少量调整元件。这就减轻了新产品投产时历来都十分紧张的工艺准备工作。而且新产品的试制由过去的重新掌握改变为在原有稳定的生产技术上重新调整,容易保证质量,缩短试制周期。

(4)由于扩大了工序批量,使中小批生产可以经济合理地采用先进的高效自动化设备和工艺装备。一般机械加工车间的专用设备可增加到40%以上,从而减轻了操作劳动,缩短了调整时间,减少了生产面积并降低了废品率。

(5)可采用先进的生产组织形式,缩短了零件制造周期,改变了原来中小批生产杂乱分散的生产状况,有利于实行科学的生产管理。

(6)降低了产品成本,提高了企业在市场上的竞争能力。事实上,成组技术已成为一切计算机辅助制造和高度自动化的集成制造系统的基础。

习题与思考题

1.试分析成组技术的必要性和基本原理。

2.成组技术是以什么方式对零件的相似性进行标识的?

3.机床按机群式布置和按生产单元布置有何不同的效果?

4.什么叫主样件?

5.成组加工工艺包括哪些主要步骤?

6.在划分零件组时主要有哪几种方法?

7.采用成组技术主要能获得哪些成效?

7 计算机辅助工艺规程(CAPP)

7.1 CAPP 概述

机械加工工艺规程是进行工艺装备制造和零件加工的主要依据,它对组织生产、保证产品质量、提高生产率、降低成本、缩短生产周期、改善劳动条件都有着直接的影响。计算机辅助工艺规程 CAPP(Computer Aided Process Planning)也叫工艺过程自动设计 APP(Automated Process Planning),是指采用计算机来设计零件的加工工艺规程,包括制订工艺路线(选择加工方法及安排工序顺序)和工序设计(选择加工机床和刀、夹、量具,确定切削参数和计算工时定额),最后编制出完整的工艺文件。

工艺规程设计是工厂工艺部门的一项经常性技术工作,是生产技术准备工作的第一步。由于工艺规程设计处于产品设计和制造的接口处,需要分析和处理大量信息,既有产品设计方面有关零件结构形状、尺寸公差、材料、批量等方面的信息,又有制造方面有关加工方法、加工设备、生产条件、加工成本、工时定额等方面的信息,各种信息之间的关系又极为错综复杂,设计工艺规程时必须全面而周密地对这些信息加以分析和处理。

长期以来,传统的工艺规程设计方法一直是由工艺人员根据他们多年积累起来的经验,以手工方式进行的。在企业设计部门和制造部门都普遍采用了自动化的方法与技术如CAD、CAM、CNC、FMS 等的背景下,往往工艺设计工作仍在一定程度上处于凭经验手工操作的状态,再加上熟练的工艺人员正日益短缺,工艺设计自然就成为机械制造系统中的瓶颈。

计算机技术的发展和在机械制造领域中的广泛应用为工艺规程设计提供了理想的工具。计算机能有效地管理大量的数据,进行快速、准确的计算和各种形式的比较、选择,能自动绘图和编制表格文件,这些功能正是工艺规程设计所需要的,于是就出现了计算机辅助工艺设计(CAPP)。CAPP 不仅能实现工艺设计自动化,还能把生产实践中行之有效的若干工艺设计原则与方法,转换成工艺设计决策模型,进行科学的决策逻辑,建立专家系统保存并利用长期从事工艺设计工作的人的经验,编制出最优的制造方案。

CAPP 从根本上改变了依赖于个人经验,人工编制工艺规程的落后面貌,促进了工艺过程标准化和最优化,提高了工艺设计质量;它使工艺人员从烦琐重复的计算编写工作中解脱出来,极大地提高了工作效率,从而使工艺人员把精力集中去考虑提高工艺水平和产品质量等问题。CAPP能按照各种不同零件迅速编制出相应的工艺文件,缩短了工艺准备周期,适应了产品不断更新换代的需要,降低了工艺过程设计的费用。此外,CAPP也为制订先进合理的工时定额和材料消耗定额以及为改善企业管理提供了科学依据。

在机械制造业中,CAPP是CAD与CAM的桥梁,CAD/CAM集成系统实际上是CAD/CAPP/CAM集成系统。CAPP从CAD中获取产品设计信息(如几何形状和拓扑信息、机械特征信息等),将其转化为制造加工信息(如工序安排和刀位文件等)及生产管理信息。随着CAD/CAM系统向着集成化和智能化方向的不断发展,CAPP理论体系和关键技术也不断地提高,以适应各种新的要求。

工艺规程设计的主要任务是为被加工零件选择合理的加工方法、加工顺序,以及工、夹、量具的选择和切削条件的计算等,使制造过程能按设计要求生产出合格的成品零件。它所包含的主要内容包括:

(1) 选择加工方法和采用的机床、刀具、夹具及其他工装设备。

(2) 安排合理的加工顺序。

(3) 选择基准,确定加工余量和毛坯,计算工序尺寸和公差。

(4) 选用合理的切削用量。

(5) 计算时间定额和加工成本。

(6) 编制包含上述所有资料的工艺文件。

其核心内容是选择加工方法和安排合理的加工顺序。

CAPP系统的一般结构如图7-1所示:

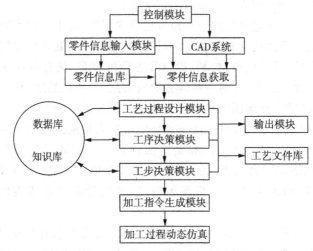

图7-1　CAPP系统的一般结构

系统主要由以下基本模块组成:

(1) 控制模块:协调各模块的运行,实现人机信息交流,控制零件信息获取方式。

(2) 零件信息输入模块:零件信息不能从CAD系统直接获取时,可用此模块进行零件信息输入。

(3) 工艺过程设计模块:决定加工工艺流程,生成工艺流程卡。

（4）工序决策模块:生成工序图和工序卡。

（5）工步决策模块:决定加工工步,生成刀位文件。

（6）数控加工指令生成模块:依据刀位文件,调用数控指令系统代码,生成数控加工控制指令。

（7）输出模块:输出工艺文档,调出工艺库文件。

（8）加工过程动态仿真模块:对加工过程进行模拟仿真。

CAPP 的基础技术主要有:成组技术、零件信息的描述与获取、工艺设计、工艺知识的获取及表示、工艺数据库的建立等。

7.2　CAPP 系统中的零件信息描述

零件信息包括几何信息和工艺信息两方面的内容,零件信息描述是 CAPP 系统首先要解决的问题。零件信息描述就是要把零件的有关信息转化为让计算机能够识别的代码信息。能否将零件信息描述得准确且完整,对 CAPP 系统的运行有直接的影响,即使对于集成化、智能化的 CAD/CAPP/CAM 系统,零件信息的生成与获取也是关键问题之一。

目前国内外 CAPP 系统中采用的零件描述方法主要有下列几种:

1. 编码法

对已有的零件进行编码,将零件图上的信息代码化,把零件的属性用数字代码表示,使计算机容易识别。至今国内外已有多种零件分类编码系统,可以根据具体情况选用,如 JCBM、OPITZ、KK-3、JLBM－1、KM 系统等,也可自行开发适合于本单位产品特点的专用分类系统。

2. 型面描述法

这种描述方法把零件看成是由若干种基本型面按一定规则组合而成,每一种型面都可以用一组特征参数给予描述,型面种类、它的特征参数以及型面之间的关系都可以用代码来表示。

型面又可以分为:

（1）基本型面——圆柱面、圆锥面、平面等;

（2）复合型面——螺纹、花键、构槽、滚花、齿形等;

（3）型面域——把零件上那些功能、结构、工艺特点和精度要求类似的型面,合并为同一类别,以便更准确地描述零件的结构和便于将零件信息输入计算机。例如退刀槽、箱体凸缘、台阶面、均布的螺钉孔等。

每一种型面都对应着一组加工方法,可根据其精度和表面质量要求来确定。首先确定达到型面技术要求的最终加工方法,再逐步倒推确定其前面的准备加工方法。

3. 体素描述法

体素是零件可分解的最基本的三维几何体,如圆柱体、圆锥体、六面体、圆环体、球体等。体素描述法把零件看成是由若干种基本几何体按一定位置关系组合而成。可以根据产品零件的结构形状特征,设计出一组体素模型,它们以图形文件的形式储存,还可以设计一组以基本体素按一定位置关系组成的零件标准图形。

当输入零件特征信息时,首先检索标准零件图形文件,寻找可供使用的标准零件图形,如检索到,即把标准图形调入内存,并继续输入标准图形中各体素的具体尺寸信息,最后在屏幕上显示输入的实际零件图形,还可以进行修改。当检索不到可供利用的标准图形时,直接从体素模型中调用所需的体素,按零件实际尺寸信息和相互位置关系拼合零件图形,并将它们储存在图形文件中。

进行工艺设计时,也以体素作为基本单元,每一种体素都对应着一组加工方法,可根据加工精度、表面质量和零件材料选用加工方法,最后根据加工顺序优先级判别法和各体素之间的相互位置关系,调整加工顺序,以获得完整的零件加工路线。

4.特征描述法

特征描述法根据零件特点,以具有明显工程意义的实体来描述零件。特征是具有一定拓扑关系的一组几何元素构成的形状实体,它对应零件上的一个或多个功能,可通过特定的加工方式来生成。特征还可以进一步分为基本特征和组合特征。基本特征是在特定的加工条件下,一次走刀所形成的几何实体,组合特征是在特定的加工条件下,需要多次走刀或需要更换刀具多次走刀才能形成的几何实体。

从上述定义可以看到,特征描述法不仅含有零件结构和几何信息,同时也包含零件制造信息,如尺寸精度、公差、材料、表面粗糙度等。这就使设计与制造相互之间易于实现信息的交换和共享。

一般情况下,空间一个立方体按其表面的法线所指方向分为十种情况。对于不太复杂的零件,可以只对与三个坐标平面相平行的六个方位面进行描述。对每一个方位面赋予一个方位代码。

零件的加工特征一般可以划分为平面、孔、槽、腔、轮廓等几种基本类型。每一种基本类型又可划分为几种典型形式,每一种特征都用一个特征标识符标识,并设置相应的特征参数。这样由方位代码、特征标识符和特征的几何、工艺参数组成了每一特征的原始数据信息。零件信息输入后形成的零件特征信息数据文件就可为工艺设计所用。

5.从 CAD 系统的数据库中直接获得零件信息

该方法是利用中间接口或其他的传输手段,将零件的设计信息,直接从 CAD 系统的数据库中提取出,用于对零件进行工艺规程设计。采用这种方法可以省去工艺设计之前对零件信息进行二次描述.而且可以获得较完善的零件描述信息,对于在 CAD、CAPP 和 CAM 还处于各自数据库分别支撑的环境中实现 CAD/CAPP/CAM 的一体化有重要的现实意义。

综上所述,CAPP 系统中采用的零件描述方法有多种,每一种方法在工程实际中也有不同的实现形式。

下面是一个箱体零件信息描述的实例。

箱体在结构上由六个不同方位的面组成,即前面、后面、左面、右面、上面和下面。每个面包含了尺寸公差、粗糙度、形位公差基本要素,每个面上也分别对应着不同的结构要素,例如:凸台、孔(通孔,盲孔,阶梯孔,螺纹孔…)、槽(T 形槽,V 形槽…)等形状特征,它们之间具有一般树的结构,具有明显的父子关系。因此,箱体类零件以六个面为特征对象,以每一个特征对象为基类可派生出各自的子类,每一个子类又可以派生出再下一级的相应子类。

具体的描述如图 7－2 所示:

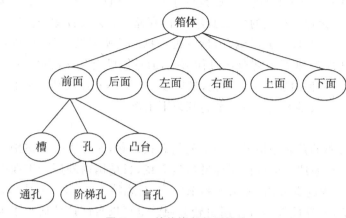

图 7-2 箱体零件数据结构

按照图 7-2 的数据结构执行前序遍历算法,可得到如下线性序列:根节点箱体;前面:孔、阶梯孔、盲孔、槽、V 形槽、T 形槽;后面:孔、阶梯孔、盲孔、槽、V 形槽、T 形槽;等等。

在 CAD 环境下直接运行箱体数据提取程序模块,从所设计的箱体零件中提取各加工面的几何信息和工艺信息、以及各个组成要素之间相互的位置关系与连接的拓扑信息,例如:确定箱体的基准面;箱体主轴孔;加工面的长度、宽度、尺寸精度、表面粗糙度;加工面上孔的类型、尺寸精度、粗糙度、位置精度以及凸面、凹面、槽等有关的信息。所获取的零件信息将直接传给 CAPP 系统,作为进行工艺规程设计的依据。图 7-3 为箱体数据提取程序界面图。

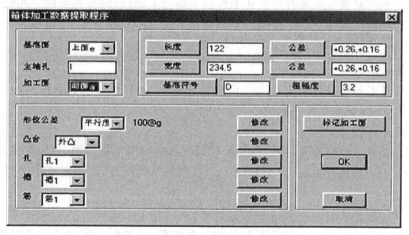

图 7-3 箱体数据提取程序界面图

7.3 CAPP 系统的类型

7.3.1 派生型 CAPP 系统

派生型 CAPP 系统又称检索型或样件法、经验法 CAPP 系统等,它是利用成组技术原理将零件按几何形状和工艺相似性进行归类与分组,每一组中都有一个集中本组所有特点的主样件,对此主样件设计出典型的加工工艺文件,存储于工艺文件库中。对一个新零件进行工艺设计,就是通过对其进行成组编码,计算机将找出其所属的零件组,再检索出该组主样件的典型加工工艺规程,根据新零件的具体情况,通过人机交互方式对此加工工艺加以修改和编辑,从而获得新零件的加工工艺规程,最后按一定的格式输出有关结果。

派生型 CAPP 系统的开发过程一般包括以下工作:

1. 零件编码

对零件进行编码的目的是将零件图上的信息代码化,使计算机能识别。首先根据产品特点选择适当的编码系统。可以使用标准编码系统,目前国内外用于工业中的编码系统有100 多种,有较大影响的有 OPITZ 系统和 KK-3 系统等。JLBM-1 系统是我国机械工业部门开发的编码系统,功能较强且使用也较方便。也可以自己设计适合于本部门产品特点的专用编码分类系统。

可采用手工编码和计算机辅助编码两种方法。手工编码是根据所选用的编码分类系统的编码法则,对照零件图用手工方式逐一编出各码位的代码。手工编码效率低,劳动强度大,不同的编码人员编出的代码往往不一致。计算机辅助编码一般是以人机对话方式进行,由计算机软件提出各种问题,由编码人员逐个回答这些问题,把零件的信息逐次输入给计算机,计算机软件进行逻辑判断后,便自动编出零件的代码,并在终端显示器上显示或打印输出。由于计算机软件自动完成对编码系统的理解和判断,所以编码效率较高,出错率低,减轻了编码人员的劳动强度。

2. 对零件进行归类分组

零件组的划分是建立在零件特征相似性的基础之上,分组时首先要确定相似性准则,即分组的依据。编码分组法是应用较为广泛的分组方法,进一步细分又可以分为特征数据法、特征矩阵法和生产流程分析法。

(1) 特征数据法

特征数据法是从零件代码中选择几位特征性强,对划分零件组影响较大的码位作为零件分组的主要依据,而忽略那些影响不大的码位。

(2) 特征矩阵法

特征矩阵法首先对所有零件的代码,按代码大小的顺序重新排列,然后对零件的结构特征信息分布情况进行统计分析,在此基础上制订出分组的标准,即确定若干个特征矩阵,对零件进行分组。

(3) 生产流程分析法

生产流程分析法是通过分析全部零件的工艺流程,主要根据零件的加工方法和所用设备来分组,而不是依据零件图样代码。它划分零件组后还可得到加工该零件组的机床组。

3. 确定零件组的主样件

主样件又叫复合零件,它包含一组零件的全部特征要素,有一定的尺寸范围,由于组内所有零件的特征要素都集于一体,所以主样件可能是虚拟的。

4. 设计标准工艺规程

以主样件为对象,设计适用于全组的标准工艺规程,该规程应能满足该零件组中所有零件的加工要求,并能反映工厂实际工艺水平,具有可操作性。

也可以采用复合工艺路线法。即在分析零件组中零件的全部工艺路线后,选择其中一个工序最多,加工过程安排合理的零件工艺路线作为基本路线,然后把其他零件特有的、尚未包括在基本路线内的工序,按合理顺序加到基本路线中去,构成代表零件组的复合工艺路线。

5. 建立工步代码文件

标准工艺规程是由各种加工工序组成的,一个工序又可以分为多个操作工步,所以操作工步是标准工艺规程中最基本的组成要素。标准工艺规程如何储存在计算机中,怎样随时调用,又怎样进行筛选,主要依靠工步代码文件。

6. 建立工艺数据库

CAPP 所要处理的数据包括切削数据、各类工艺数据、在生产工艺规程过程中临时生成的中间数据等,其种类繁多,数量很大,而且其中许多数据是和其他系统共享的。为能有效存储和便于随时调用这些数据,必须建立功能强大的数据库,实现有组织地、动态地储存大量关联数据,方便多用户访问,使数据能充分共享,并对应用程序保持高度独立性。

7. 进行系统各功能模块设计和总体设计

由于 CAPP 系统中要应用各种计算方法,为此需预先将各种计算公式和求解方法编成各个功能模块,如切削参数的计算,加工余量、工序尺寸公差的计算,切削时间和加工费用的计算,工艺尺寸链的求解,切削用量的优化和工艺方案的优化等。在系统运行过程中个功能模块可随时调用。总体设计时,用一个主程序和界面把所有子程序连接起来,构成一个完整的 CAPP 系统的总程序。

7.3.2 创成型 CAPP 系统

1. 创成型 CAPP 系统原理

创成型 CAPP 系统也叫生成法 CAPP 系统,可以定义为能自动地为新零件创建工艺规程的系统,即工艺规程是根据工艺数据库的信息在没有人工干预的条件下创造出来的。系统能根据零件模型通过逻辑决策自动产生各个工序,自动完成机床选择,工具选择和加工过程的优化。

系统要做到这一点,必须具备高水平的逻辑判断能力,必须能将零件用计算机易于识别的形式做精确的描述,必须能把获得的工艺逻辑和零件描述数据综合放入统一的数据库中,必须具备所有加工方法的专业知识和经验以及有关的可能后续工序、可替代的加工方法以及相互矛盾或排斥的加工方法等方面的信息。

显然,要实现真正的创成型 CAPP 系统是比较困难的,还需要进行大量的研究工作。目前在技术上至少有以下两个关键问题有待进一步解决:

(1) 零件的各种几何、工艺信息还不能做到用计算机能识别的形式完全准确地描述,特别是对复杂零件的特征模型的建立还有待完善。

(2) 工艺知识还停留在经验型知识的层面上,工艺过程的优化理论还不完善,没有严格的理论和数学模型,还难以建立计算机能够自动识别和处理的、完善的工艺决策模型。

创成型系统开发的成败是系统所获取的制造知识的状况,有效的收集提取和表达工艺知识是实现创成型系统的关键。

　　系统的决策逻辑是系统的核心,控制着程序的走向。决策逻辑用来确定加工方法,加工设备以及工艺流程等各环节,从决策基础来看,它又包括逻辑决策、数学计算以及创造性决策等方式。

　　图7-4是某箱体CAPP创成系统的结构框图,工作原理为:获取零件特征信息,零件特征分析,特征工艺链的生成、工序排序、工艺路线生成等,通过访问数据库获取所需的制造信息,将零件信息与知识库中的规则进行匹配推理完成工艺设计。

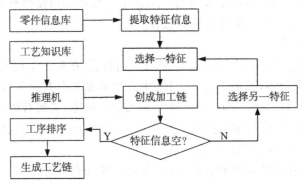

图7-4　CAPP创成系统总体结构框图

　　在创成法CAPP系统中,较多地应用逆向编程方法,以零件最终的几何形状和技术条件作为出发点,逐步填补金属材料和降低公差和表面粗糙度等技术要求。由于从已知要求出发选择预加工方法相对比较容易,所以加工过程的中间状态也容易确定,因此逆向编程易于满足最终目标的要求,便于确定零件在加工过程中的工序尺寸和公差以及绘制工序图。

　　2. 创成型CAPP系统关键技术

　　(1)工艺决策逻辑

　　决策逻辑是创成式工艺设计软件的核心,它引导程序的走向,创成式系统就是决策逻辑的应用。

　　建立工艺决策逻辑一般应根据工艺设计的基本原理、工厂生产实践经验的总结、以及对具体生产条件的分析研究,如各表面加工方法的选择,粗、细、精、超精加工阶段的划分,装夹方法的选择,机床、刀具类型规格的选择,切削用量的选择,工艺方案的选择等,结合各种零件的结构特征,建立起相应的工艺设计逻辑。

　　还要广泛收集各种加工方法的加工能力范围和所能达到的经济精度以及各种特征表面的典型工艺方法等数据,储存在计算机内。计算机将根据输入的零件特征的几何信息和加工技术要求,自动选择相应的工艺决策逻辑,确定其加工方法,或者选择已储存在计算机中的某些工艺规程片断,经综合编辑,生成所需的工艺规程。

　　工艺决策逻辑的主要形式通常是决策表或决策树。决策表是将一类不易用语言表达清楚的工艺逻辑关系用一个表格形式来表达的方法,它是计算机软件设计的基本工具。决策表的格式可如表7-1所示,表分为四个区域,左边分别为条件项目和决策项目,右边分别为条件状态和决策行动。右边每一列即为一条决策规则。

表 7-1 决策表格式

条件项目	条件状态 1	条件状态 2	……	条件状态 n
决策项目	决策行动 1	决策行动 1	……	决策行动 n

表 7-2 是平面加工决策表的示例,对于不同尺寸精度等级的平面加工进行加工方式决策,条件项目栏中给出各个精度等级,决策项目栏中给出可选的加工方法,条件状态栏中给出各个条件的真实(T)或虚假(F),决策行动栏中给出单一或组合加工方法的决策结果。由表中可知,对三种不同尺寸精度等级,系统将自动选择粗铣、粗铣—半精铣以及粗铣—半精铣—精铣的加工方式。

表 7-2 平面加工决策

尺寸精度 IT11~13	T	F	F
尺寸精度 IT8~10	F	T	F
尺寸精度 IT6~7	F	F	T
粗　铣	1	1	1
半精铣		2	2
精　铣			3

下面是某箱体零件孔加工决策表的示例。

表 7-3 箱体孔加工决策

$7 \leqslant IT \leqslant 8$	T	T
$0.63 \leqslant Ra \leqslant 2.5\mu m$	T	T
$D > 45$	T	F
粗镗—半精镗—精镗	×	F
钻—扩—铰	F	×

其中 D 表示零件直径。用决策表表示以上加工规则,如表 7-1 所示。决策表由四个部分组成,依次为:条件项目、条件状态、决策项目和决策行动。在决策表中,T 表示“真”,F 表示“假”,“×”表示动作,只有当表的一列中所有条件都满足时,动作才会发生。

决策表的格式并不唯一,但无论何种格式的决策表都必须清楚地表达条件与决策的逻辑关系,并且要易懂、易读和修改方便。

决策树由树根、节点和分支组成。树根和分支间都用数值互相联系,通常用来描述事物状态转换的可能性以及转换过程和转换结果。分支上的数值表示向一种状态转换的可能性或条件。当条件满足时,则继续沿分支向前传递,以实现逻辑“与”的关系;当条件不满足时则转向出发节点的另一分支,以实现逻辑“或”的关系,在每一分支的终端列出了应采取的动作。所以,从树根到终端的一条路径就可以表示一条类似于决策表中的决策规则。

对应于决策表 7-3 的决策树如图 7-5 所示。树根表示需要决策的项目,分支表示条件,树叶表示决策结果。

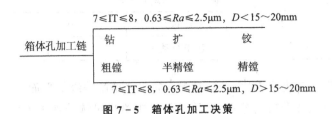

图 7-5　箱体孔加工决策

在利用决策表和决策树的 CAPP 系统中,工艺知识和决策逻辑都用程序设计语言编制在软件程序中,系统程序一旦编制、调试完毕,其功能就确定下来。规则的录入、编辑、存盘等功能集成在一个称为规则库创建工具的对话框中进行。

（2）工艺知识库的建立

工艺知识库包含了通常意义上的工艺数据库如资源信息库（机床、刀具、夹具等）、切削参数库（主轴转速、切削速度、切削深度等）、常用加工方法的经济精度等,还包括了典型工艺库、工艺规则库等。

由于工艺知识是不断扩充、不断完善的,工艺知识库是一个开放的系统,例如工艺数据库部分就可提供一个树型结构的两类表格给用户扩充自己的工艺数据库。其中,单表数据用于描述一些工艺设计所需要的简单数据,如工厂的各加工车间列表、材料列表等;分类表数据用于描述一些比较复杂的基础数据,如:设备列表、刀具、夹具列表等。树的数据可以作增加、删除、修改等。

（3）推理机的设计

推理过程本质上是已知信息与知识之间的匹配过程,根据工艺知识的产生式规则的表示形式,大多采用目标驱动的反向推理方式,也可以采用基于规则的正向推理方式,图 7-6 所示为某箱体 CAPP 创成系统的程序框图。

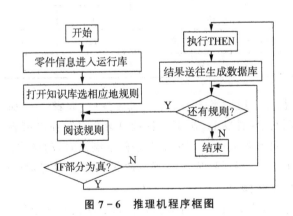

图 7-6　推理机程序框图

对某箱体零件进行创成式工艺设计,CAPP 系统输出了工艺过程卡、工序卡,图 7-7 是箱体零件机械加工工序卡示例。

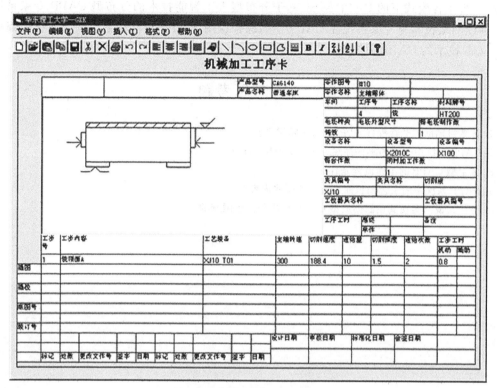

图 7-7　箱体零件工序卡示例

7.4　CAPP 系统的发展趋向

目前开发的创成型 CAPP 系统主要是指带有一定工艺决策逻辑的 CAPP 系统,近似真正的创成型系统。事实上追求完全创成型的 CAPP 系统可能并不明智,因为系统中必须包含有一切决策逻辑,系统具有工艺规程设计所需要的所有信息,需要做大量的准备工作,要广泛收集生产实践中的工艺知识,建立庞大的工艺数据库。而生产实际由于产品品种的多样化,各种产品的加工过程有很大的不同,每个生产环境都有它特殊的生产条件,工艺决策逻辑也都不一样,所以具有有限创成功能的 CAPP 系统更具实用意义。

由于完全实现创成法 CAPP 系统还存在困难,所以在针对某一产品或某一工厂的生产情况而设计 CAPP 系统时,往往将派生法和创成法互相结合,称之为综合型 CAPP 系统,也叫半创成 CAPP 系统,利用各自的优点,克服各自的不足。例如某综合型 CAPP 系统采用派生与自动决策相结合的工作方式,对于零件的工艺路线是通过在计算机中检索其所属的零件组的标准工艺,由计算机按照派生法根据零件的几何形状和加工精度以及工艺参数等进行一系列的删减选择而得到。同时系统又具有一定的工艺决策逻辑,根据零件的输入参数经过工序创成而获得每一道工序的详细内容,体现了派生与创成相结合的特点。

由于各个具体制造生产环境的差别很大,虽然人们迫切希望 CAPP 系统具有如同 CAD 系统那样有较强的通用性,但是就目前的 CAPP 发展水平而言还很难做到这一点。当前研究开发的热点课题主要有:产品信息模型的生成与获取、CAPP 体系结构研究及工具系统的开发、并行工程模式下的 CAPP 系统、基于分布型人工智能技术的分布型 CAPP 专家系统、人工神经网络技术与专家系统在 CAPP 中的综合应用、CAPP 与自动生产调度系统的集成、基于 web 技术的 CAPP 系统等。

习题与思考题

1. 计算机辅助工艺规程(CAPP)有何实际意义?

2. CAPP 系统中采用的零件描述方法主要有哪几种?

3. 派生型 CAPP 的工作流程是什么?

4. CAPP 系统中的工艺知识库一般包含哪些内容?

5. 为什么说要实现真正的创成型 CAPP 系统是比较困难的?

参考文献

[1] 上海市大专院校机制工艺学协作组. 机械制造工艺学. 福州:福建科学技术出版社,1984.

[2] 陈榕,王树兜. 机械制造工艺学习题集. 福州:福建科学技术出版社,1984.

[3] 王先逵. 机械制造工艺学. 北京:清华大学出版社,1989.

[4] 赵志修. 机械制造工艺学. 北京:机械工业出版社,1985.

[5] 顾崇衔. 机械制造工艺学. 西安:陕西科学技术出版社,1989.

[6] 郑焕文. 机械制造工艺学. 沈阳:东北工学院出版社,1988.

[7] 郑修本. 机械制造工艺学. 北京:机械工业出版社,1999.

[8] 张绪强,王军. 机械制造工艺. 北京:高等教育出版社,2007.

[9] 兰建设. 机械制造工艺与夹具. 北京:机械工业出版社,2010.

[10] 吴拓. 机械制造工艺与机床夹具. 北京:机械工业出版社,2006.

[11] 邓文英,宋力宏. 金属工艺学(下册). 北京:高等教育出版社,2008.

[12] 王庆明. 先进制造技术导论. 上海:华东理工大学出版社,2007.

[13] 王茂元. 机械制造技术. 北京:机械工业出版社,2001.

[14] 张世昌. 机械制造技术基础. 北京:高等教育出版社,2001.

[15] 李增平. 机械制造技术. 南京:南京大学出版社,2011.

[16] 王庆明,冯劲梅. CAD/CAM 理论、应用与开发. 长春:吉林科学技术出版社,2004.

[17] 易红. 数控技术. 北京:机械工业出版社,2011.

[18] 吴瑞明. 数控技术. 北京:北京大学出版社,2012.

[19] 唐刚,谭惠忠. 数控加工编程与操作. 北京:北京理工大学出版社,2008.